建筑节能低碳最新技术丛书

建筑可再生能源的应用(一)

北京无源建筑规划设计院

刘令湘　编译

中国建筑工业出版社

图书在版编目（CIP）数据

建筑可再生能源的应用（一）/刘令湘编译．—北京：
中国建筑工业出版社，2011．9
（建筑节能低碳最新技术丛书）
ISBN 978-7-112-13333-8

Ⅰ．①建… Ⅱ．①刘… Ⅲ．①再生能源—应用—建筑
工程 Ⅳ．①TU18

中国版本图书馆 CIP 数据核字（2011）第 122417 号

本书为《建筑节能低碳最新技术丛书》的第三分册，旨在介绍可再生能源的直接利用。在第 1 章和第 2 章简述可再生能源和太阳能之后，在第 3 章至第 9 章先后对太阳能热水，太阳能热的储存，太阳能建筑供暖，太阳能热发电，太阳光—伏发电以及地热资源直接利用和地热发电分别做了探讨。最后一章着力展示借助于地球和月球的潮汐力自然造就可再生能源的潮汐发电。

本书可供建筑师、建筑业主、居者和直接参与建筑业、物业运行管理、维护保养的专业人士，以及大专院校师生参考。

责任编辑：于 莉
责任设计：李志立
责任校对：王雪竹

建筑节能低碳最新技术丛书
建筑可再生能源的应用(一)
北京无源建筑规划设计院
刘令湘 编译
*
中国建筑工业出版社出版、发行(北京西郊百万庄)
各地新华书店、建筑书店经销
华鲁印联（北京）科贸有限公司制版
北京云浩印刷有限责任公司印刷
*
开本：787×1092 毫米 1/16 印张：11 字数：273 千字
2012 年 3 月第一版 2012 年 3 月第一次印刷
定价：**55.00** 元
ISBN 978-7-112-13333-8
(20749)

编 译 者 序

中国建筑工业出版社主持编译《建筑节能低碳最新技术丛书》此次已到第三册。

节能低碳，顾名思义，“节能”意思是节省不可再生能源；“低碳”说的是减少温室气体(主要是二氧化碳)排放。节能低碳的目的就是实现人与自然的和谐，达到人类社会可持续发展。

建筑领域最具节能低碳潜力。建筑节能低碳谋求可持续发展必须依据科学发展观。借鉴发达国家成熟经验可使建筑节能低碳少走弯路。比如德国标准规定高度22m及以上的建筑禁止使用有机保温隔热材料(聚苯乙烯、聚氨酯等)作外墙外保温。违背科学地蛮干，必然承受高层消防困难的风险。

能源的短缺和环境之重负，源于世界范围内日益增长的能源消耗。现今，世界能源消耗的87%来自化石能源(石油40%、煤24%、天然气23%)。三种主要化石能和核分裂能，都是利用可枯竭的能量原材料。根据目前探明的全世界储量以及能量消耗量，液体碳氢矿物油，天然气以及可核分裂材料都只能支撑几十年最多不超过100年。煤，可能例外地稍微长一点点，大约120年。从另一方面看，每种燃烧都会给环境带来负担。唯一能减小环境负担的方法是节省化石燃料，而可再生能源的应用成为日益迫切而且事关子孙后代的重要题目。《建筑节能低碳最新技术丛书》第三册即叙述这一题目。

如本书第1章所述，可再生能量按照其能源可以分为三个基本类型：

1. 太阳辐射；

2. 地热；

3. 地球和月球的潮汐力。

本书旨在介绍可再生能源的直接利用。在第1章和第2章简述可再生能源和太阳能之后，在第3章至第9章先后对太阳能热水制备、太阳能热量储存、太阳能建筑供暖、太阳能热发电，太阳能光伏发电以及地热资源直接利用和地热发电作了探讨。最后一章着力展示借助于地球和月球的潮汐力自然造就可再生能源的潮汐发电。

至于生物质能、水力、风能等太阳辐射的二级可再生能量留待本系列丛书第四册介绍。

全球气候变暖和化石燃料枯竭日趋严重。提倡可再生能源，特别是直接利用太阳能愈来愈引人注目。照射到地球表面的太阳热功率的供应在将来的可再生能源需求中占据主导地位。太阳能热功率的利用主要包括两个领域：产生热能和产生电能。太阳光产生热能的系统主要由集热器、热存储器和控制器组成。最新开发的空气集热器，在建筑物供暖或制冷过程具独特地位。集中和局地太阳能热电厂大有可为：仅仅利用地球沙漠面积的1%装置太阳能热电设施就可以提供公元2000年全球能量的需求。

与采用太阳能热功率获得电能相似：太阳能光伏发电系统的构成包括太阳能光伏电池组成的光伏模板，存储器(电池)，如果并网的话，尚需从直流电转换成交流电的逆变器。利用太阳能光伏效应发电具有明显的生态优势：减少常规化石能源消耗和避免CO_2排放。

本书将对太阳能光伏效应原理、器件设施、系统集成、安装调整、最新改进、安全保护、再循环利用、经济效益分析以及成功应用案例予以翔实介绍。

地热资源的利用涉及在地表之下存储的能量。巨大的地热能量会引起地震和火山爆发一类的地质运动。本书指的地热资源利用仅仅是其中很小的部分：通常温度梯度达每100m深有2.5～3.0℃的温升。现代钻探技术已经可以穿透至10km深。相比较其他可再生能源，地热资源具有明显的优势：不受每日和季节环境变化影响；利用效率可达90％以上；运营发电成本也较大部分其他可再生能源低。按地热资源利用深度的不同，有地表地热热交换器、能量桩柱、地热探针等不同形式。地源、水源和空气源热泵的利用使地热资源利用效益大为提高。

潮汐能源于地球和月球的潮汐力作用。现代利用潮汐能的主要方式是潮汐发电。尽管潮汐发电尚未广泛开展，但是将来的潜能很大。原因之一是：比起太阳能，潮汐发电更能预先估计。在所有可再生能源中，潮汐发电受传统上高成本和有限应用地点(高潮汐落差或高潮汐流速)选择的困扰；然而，最近的技术进步和设计创新表明潮汐发电的总体有用性会比以前估计的高，经济及环境成本也将下降至有竞争力的程度。

本书在介绍上述可再生能源的直接利用中瞄准三个主要目标：

1. 从基本物理概念出发阐述基本原理；

2. 基于人类社会可持续发展宗旨，报告至今(2011年)世界直接利用可再生能源最新发展动态、趋势和前景；

3. 瞄准服务于建筑工业目标分析的可再生能源的主要直接利用方法的有效性，适用性和标准条件。

为了使每一可再生能源的直接利用可以兼备技术高效、生态明智并且经济投入各方面的优势得以明晰地估计，应当在初步方案阶段就对经济效益予以关注。这里，特别提及关于“生命周期的评估”(life cycle assessment，LCA)这一按照国际标准化组织(ISO)定义的思考模式：包括系统对在整个生命周期中的材料、能量输入和输出以及相关联的对环境直接间接的影响。因为可再生能源做热源并不能确保对环境直接间接的影响就一定低；在整个生命周期中的材料释放物的影响也要全面评估。比如在本书第4章所介绍，按照ISO标准14040和14041，对两种跨季节热存储器从详细材料配置给出材料(包括存储器衬里、混凝土、隔热材料等)的原材料的开采和提纯；制造及加工；制成跨季节热存储器后的运行和维修；废物及循环等的全过程能量耗费以及对环境的影响都要量化评估。

笔者将本书贡献给对建筑节能低碳利用可再生能源有兴趣的读者。特别对大专院校师生、研究生、相关研究设计院所领导、专家和工作人员寄予厚望。

本书引用了一些图片(均附有出处及作者)以飨读者，在此一并对作者致以诚挚谢意。

感谢CEO江丽女士和我们团队对编写本丛书的大力支持、协作和帮助。

刘令湘　北京无源建筑规划设计院

www.edle.com.cn

目　　录

1　基本概念 …… 1
1.1　可再生能量 …… 1
1.2　可再生能量的供应 …… 2
1.2.1　热的能量价值 …… 2
1.3　化石能量的耗尽与可再生能量的不竭 …… 3
1.3.1　能量的三落和三起 …… 3
1.3.2　能量供应 …… 3
1.4　能量的概念和转换 …… 4
1.4.1　能量的源泉 …… 4
1.4.2　能量载体 …… 4
1.5　能量的形式 …… 4
1.5.1　原始能量 …… 4
1.5.2　二次能量 …… 5
1.5.3　终端能量 …… 5
1.5.4　使用能量 …… 5
1.5.5　能量收益系数 …… 5
1.5.6　能量投资回收时间 …… 6
1.6　德国可再生能源法 …… 6
1.6.1　可再生能源发电输送至公共电网的补贴 …… 6
1.6.2《优先发展可再生能源法》规定补贴的可再生能源 …… 6
1.6.3　能量单位换算 …… 7
1.7　德国可再生能源资助方案 …… 7
1.7.1　联邦市场促进资助 …… 7
1.7.1.1　促进可再生能源资助 …… 7
1.7.1.2　基础资助 …… 8
1.7.1.3　创新资助 …… 8
1.7.2　环境和节能资助计划 …… 8
1.8　可再生能源经济效益关注 …… 8
1.8.1　经济效益预估参数 …… 8
1.8.2　经济效益预估的资本值比较 …… 9
1.8.3　节省能量评估 …… 9
1.9　世界可再生能源利用现状 …… 9

2　太阳能利用 …… 11
2.1　来自太阳的能量 …… 11
2.2　太阳能量的利用 …… 11
2.3　利用太阳能的分类 …… 12

3　太阳能热水 …… 14
3.1　水用太阳能加热 …… 14
3.2　太阳能集热器 …… 14
3.2.1　平板型太阳能集热器 …… 15
3.2.2　真空管型太阳能集热器 …… 16
3.2.2.1　真空管型太阳能集热器结构 …… 16
3.2.2.2　真空管型太阳能集热器特性 …… 16
3.2.2.3　热管式真空管型太阳能集热器 …… 16
3.2.3　投配系统 …… 17
3.3　太阳能热水系统 …… 18
3.3.1　无源热虹吸太阳能热水系统 …… 18
3.3.2　有源太阳能热水系统 …… 18
3.3.2.1　直接循环系统 …… 19
3.3.2.2　间接循环系统 …… 19
3.3.3　闭环防冻热交换系统 …… 19
3.4　应用太阳能热水系统的选择 …… 19
3.5　世界太阳能热水系统的应用现状 …… 20

4　太阳能热的存储 …… 21
4.1　家用太阳能热水贮水箱 …… 21
4.1.1　家用太阳能热水贮水箱 …… 21
4.1.2　太阳能热水贮水箱结构 …… 22
4.1.3　太阳能热水贮水箱温度分层和温度分布过渡过程 …… 23
4.1.3.1　保持贮水箱水温度分层 …… 23
4.1.3.2　贮水箱温度分布过渡过程 …… 23
4.1.4　太阳能集热器和热水贮水箱的连接 …… 24
4.2　有源区域太阳能热存储 …… 24
4.2.1　区域太阳能供热 …… 24
4.2.2　跨季节热存储 …… 25
4.2.3　跨季节热存储器的设计 …… 27
4.2.3.1　背景 …… 27
4.2.3.2　系统能力预估 …… 27
4.2.3.3　全生命周期的比较研究 …… 28
4.2.3.4　热传输模拟 …… 28

4.2.3.5　经济效益评估 …… 29
4.2.4　区域太阳能热厂举例 …… 29
4.2.4.1　德国慕尼黑(München)区域太阳能热厂方案 …… 29
4.2.4.2　德国 Crailsheim 区域太阳能热厂项目 …… 30
4.2.5　跨季节热存储器水等效存储体积成本 …… 32
4.3　建筑太阳能热存储 …… 32
4.3.1　建筑物热质量太阳能热存储 …… 32
4.3.2　用改进 Trombe 墙建筑物太阳能热存储 …… 33
4.4　大型太阳热能存储 …… 34
4.4.1　双罐间接热能存储系统 …… 35
4.4.1.1　双罐间接热能存储系统工作原理 …… 35
4.4.1.2　双罐间接热能存储系统应用举例 …… 36
4.4.2　单罐温跃层热能存储系统 …… 36
4.4.2.1　单罐温跃层热能存储系统结构 …… 36
4.4.2.2　温跃层模型和温度梯度 …… 37
4.4.3　热能存储介质 …… 38
4.4.3.1　直接融盐传热工质 …… 38
4.4.3.2　混凝土 …… 38
4.4.3.3　相变物质 …… 39

5　太阳热能空间供暖系统 …… 40
5.1　有源太阳热能空间供暖系统 …… 40
5.2　液体工质太阳热能空间供暖系统 …… 40
5.2.1　集热器 …… 40
5.2.2　备用加热系统 …… 41
5.2.3　热存储系统 …… 41
5.2.4　热空气分配系统 …… 42
5.2.5　辅助加热器安置 …… 42
5.3　带有散热器的加热循环系统 …… 42
5.4　空气工质太阳热能空间供暖系统 …… 43
5.4.1　用太阳和空气供暖 …… 43
5.4.1.1　水还是空气 …… 43
5.4.1.2　能量需求，结合部密封和通风 …… 44
5.4.1.3　能量需求相关性 …… 44
5.4.1.4　温度水平和能量效率 …… 44
5.4.1.5　太阳能集热器的能量效率 …… 44
5.4.1.6　太阳能空气供暖的发展 …… 45
5.4.2　太阳能空气系统 …… 45
5.4.2.1　系统的变种 …… 45
5.4.2.2　可提供的元件 …… 49

5.4.2.3 投入领域 …… 52
5.4.3 太阳能空气系统的设计 …… 53
5.4.3.1 建筑物和系统的集成 …… 54
5.4.3.2 设计工具 …… 54
5.4.3.3 设计步骤和提示 …… 55
5.4.4 太阳能空气系统应用举例 …… 55
5.4.4.1 Lilly实验室(汉堡) …… 55
5.4.4.2 幼儿园(Trabitz) …… 56
5.4.4.3 金属建筑(Eisenach) …… 56
5.4.4.4 生物屋(Bozen) …… 57
5.4.4.5 社区中心(Waltenhofen) …… 58
5.4.4.6 城市洗衣店(莱比锡) …… 58
5.4.5 总结 …… 59
5.5 太阳能多孔集热墙系统 …… 59
5.6 其他与太阳热能空间供暖相关的系统 …… 61
5.6.1 无源太阳墙 …… 61
5.6.2 太阳能室外泳池系统 …… 62
5.6.3 太阳能空间制冷 …… 62
5.6.3.1 太阳能吸收制冷 …… 62
5.6.3.2 太阳能吸附制冷 …… 62
5.6.4 太阳能透明隔热墙体空间供暖 …… 63

6 太阳热能发电 …… 64
6.1 太阳热能发电 …… 64
6.1.1 从太阳来的电 …… 64
6.1.2 将太阳热转换成电 …… 65
6.2 太阳热能发电技术 …… 66
6.2.1 太阳热能发电技术综述 …… 66
6.2.2 抛物面槽太阳能发电技术 …… 67
6.2.3 太阳能发电塔发电技术 …… 68
6.2.4 抛物面碟太阳热能发电技术 …… 68
6.2.5 三种太阳热能发电技术比较 …… 69
6.3 抛物面槽太阳热能发电 …… 69
6.3.1 抛物面槽太阳热能发电技术的发展 …… 69
6.3.1.1 抛物面槽太阳热能发电技术的应用 …… 69
6.3.1.2 抛物面槽太阳热能发电技术性能 …… 70
6.3.2 抛物面槽太阳热能发电技术改进 …… 70
6.3.3 线性菲涅耳反射器阵列 …… 71
6.3.4 抛物面槽太阳热能发电成本 …… 73
6.4 太阳能发电塔发电 …… 73

6.4.1 太阳能发电塔发电技术发展 …… 73
6.4.2 太阳能发电塔的成本 …… 73
6.5 抛物面碟太阳能发电 …… 74
6.5.1 抛物面碟太阳能发电现状 …… 74
6.5.2 抛物面碟太阳能发电的成本 …… 75
6.6 上升空气流及下降空气流太阳能发电 …… 75
6.6.1 上升空气流太阳能发电系统简介 …… 75
6.6.2 上升空气流太阳能发电原理 …… 76
6.6.3 纳米比亚上升空气流太阳能发电应用 …… 76
6.6.4 下降空气流太阳能发电 …… 76
6.7 太阳热能复式循环发电厂 …… 77
6.7.1 太阳热能复式循环发电厂简介 …… 77
6.7.2 太阳能在太阳热能复式循环发电厂的贡献和效率 …… 77
6.8 世界太阳热能发电项目一览 …… 78
6.8.1 已经运行项目 …… 78
6.8.2 现正在建项目 …… 78
6.8.3 已宣布拟建较大项目 …… 80

7 太阳能光伏发电 …… 81
7.1 太阳能光伏发电概述 …… 81
7.1.1 从太阳光到电能的转换 …… 81
7.1.2 光伏效应 …… 81
7.1.3 太阳能光伏发电设施评估 …… 82
7.1.3.1 太阳能光伏发电设施的功能评估 …… 82
7.1.3.2 安装太阳能光伏发电设施的建筑美学考量 …… 82
7.1.4 太阳能光伏电流导引 …… 83
7.1.5 太阳能模板特性参数 …… 84
7.1.5.1 效率 …… 84
7.1.5.2 额定功率 …… 84
7.1.5.3 绩效比(设施利用度) …… 85
7.1.5.4 能量回馈时间 …… 85
7.1.5.5 收获系数 …… 86
7.1.6 估算 …… 86
7.1.6.1 收益估算 …… 86
7.1.6.2 太阳能电池模板倾角 …… 86
7.1.7 太阳能光伏设施的调校 …… 86
7.1.8 阴影遮挡的损失 …… 87
7.1.9 太阳能光伏设施的电能所赢 …… 88
7.1.9.1 太阳能光伏设施的产出系数 e …… 88
7.1.9.2 太阳能光伏设施的电能所赢举例 …… 88

7.2 太阳光伏设施系统 …… 88
7.2.1 电网耦合系统(电网并行) …… 88
7.2.2 独立于电网的带有存储器的自给自足的独立光伏系统 …… 90
7.2.3 太阳能光伏系统的应用举例 …… 91
7.2.3.1 装置光伏设施的高速公路噪声阻挡墙 …… 91
7.2.3.2 在工厂屋顶装置光伏设施 …… 91
7.2.3.3 在梵蒂冈的光伏系统 …… 92
7.2.3.4 柏林中央火车站的光伏系统 …… 92
7.3 太阳能光伏设施元件 …… 92
7.3.1 太阳能光伏电池概述 …… 92
7.3.2 太阳能光伏电池技术 …… 93
7.3.2.1 光伏电池的特征线 …… 94
7.3.2.2 晶体硅光伏电池 …… 94
7.3.2.3 薄膜光伏电池(双一堆栈或三一堆栈电池) …… 94
7.3.3 太阳能光伏模板技术 …… 95
7.3.3.1 薄膜光伏模板 …… 95
7.3.3.2 薄膜光伏模板造型——颜色 …… 95
7.3.4 太阳能光伏模板连接 …… 95
7.3.4.1 直流/交流逆变器及布线 …… 95
7.3.4.2 薄膜光伏电池用直流/交流逆变器 …… 98
7.3.4.3 直流/交流逆变器的短路保护、过载保护和接触保护 …… 98
7.3.5 太阳能光伏设施的蓄电池和负荷调节器 …… 98
7.3.6 断路和接通 …… 98
7.3.6.1 直流/交流逆变器交流侧的切断保护 …… 99
7.3.6.2 直流/交流逆变器直流侧的切断保护 …… 99
7.4 太阳能光伏设施系统的接线设计和规格 …… 99
7.4.1 太阳能光伏系统的接线设计 …… 99
7.4.2 与电网耦合的太阳能光伏系统的接线规格 …… 99
7.5 太阳能光伏设施安装实施规范 …… 100
7.5.1 太阳能光伏模板的安装 …… 100
7.5.1.1 太阳能光伏模板坡屋顶安装 …… 100
7.5.1.2 太阳能光伏模板坡屋顶集成 …… 101
7.5.1.3 太阳能光伏模板平屋顶安装 …… 101
7.5.1.4 太阳能光伏玻璃前立面 …… 102
7.5.2 建筑物太阳能光伏模板安装防雷保护 …… 102
7.5.2.1 建筑物上太阳能光伏模板的过电压保护 …… 102
7.5.2.2 建筑物上太阳光伏模板过电压保护方案 …… 103
7.5.3 空旷地太阳能光伏模板的安装及防雷保护 …… 103
7.5.4 太阳能光伏模板的跟踪系统 …… 105
7.6 太阳能光伏模板的再循环 …… 105
7.7 太阳能光伏电池新进展简介 …… 106

7.7.1 染料感光太阳能电池 …… 106
7.7.2 适合建筑物的最新太阳光伏电池 …… 107
7.8 太阳能光伏技术和城市规划 …… 107
7.8.1 城镇建筑物和太阳能光伏技术 …… 107
7.8.2 城镇建筑物采用太阳能光伏技术的效率因素 …… 107
7.8.3 城镇太阳能光伏技术应用举例 …… 108
7.8.3.1 水城的太阳能光伏新貌 …… 108
7.8.3.2 新城 Nieuwland 城市规划 …… 108
7.8.3.3 新城 Nieuwland 建筑设计 …… 108
7.8.4 应用太阳能光伏技术的城市规划考量 …… 109
7.8.4.1 天空可视因子 …… 109
7.8.4.2 表面积与体积的比(体形系数) …… 109
7.8.4.3 建筑物间距离及建筑物高宽比 …… 110
7.8.4.4 建筑物类型及位置 …… 110
7.8.4.5 建筑物安装光伏设施有效性小结 …… 110

8 太阳能光伏发电还是太阳热能发电? …… 112
8.1 问题的提出 …… 112
8.2 优点比较 …… 112
8.2.1 太阳热能发电设施的优势 …… 112
8.2.2 太阳能光伏发电设施的优势 …… 113
8.3 应用领域比较 …… 113
8.3.1 太阳热能发电设施和太阳能光伏发电设施的工作领域 …… 113
8.3.2 太阳热能发电设施和太阳能光伏发电设施的地域分布 …… 114
8.4 技术投资比较 …… 114
8.5 太阳能发电可能引发的环境问题 …… 115
8.5.1 太阳能光伏发电设施可能引发的环境问题 …… 115
8.5.1.1 生产过程 …… 115
8.5.1.2 废弃物处理 …… 115
8.5.1.3 应用光伏模板可能引发的其他环境问题 …… 115
8.5.2 太阳热能发电设施可能引发的环境问题 …… 115
8.5.2.1 系统运行 …… 115
8.5.2.2 生物多样性 …… 116
8.5.2.3 涉及人类 …… 116
8.6 太阳能发电的新领域——光伏/热混合系统 …… 116
8.6.1 光伏/热混合系统简介 …… 116
8.6.2 光伏/热混合系统应用 …… 116
8.6.3 国际能源局项目 …… 117
8.6.3.1 北京奥运村项目 …… 117
8.6.3.2 Concordia 大学 John Molson 商学院项目 …… 117

8.6.4 光伏/热混合系统的功效 …… 118
8.6.5 汇聚光伏/热混合系统 …… 119

9 地热 …… 120
9.1 地热资源 …… 120
9.2 地热资源的利用 …… 121
9.2.1 利用地热的历史 …… 121
9.2.2 地热资源的利用方式 …… 121
9.2.2.1 直接利用地热资源 …… 121
9.2.2.2 地热发电 …… 122
9.2.3 地热发电的优点 …… 123
9.3 地源热泵 …… 124
9.3.1 地源热泵原理 …… 124
9.3.2 热泵变种 …… 125
9.3.3 地源热泵优势 …… 126
9.3.4 地源热泵的制冷模式和加热模式 …… 126
9.3.4.1 地源热泵的制冷模式 …… 126
9.3.4.2 地源热泵的加热模式 …… 126
9.4 增强型地热系统 …… 126
9.4.1 增强型地热系统简介 …… 126
9.4.2 增强型地热系统地质前提条件和资源 …… 127
9.4.3 增强型地热系统的开发和运行机制 …… 127
9.4.4 增强型地热系统开发尚存障碍 …… 128
9.4.5 增强型地热系统开发的环境收益 …… 128
9.4.6 增强型地热系统的成本花费 …… 129
9.5 地热利用现状 …… 130
9.5.1 直接利用地热资源 …… 130
9.5.1.1 直接利用地热资源分类——林岛图 …… 130
9.5.1.2 直接利用地热资源的主要手段 …… 131
9.5.1.3 全球直接利用地热资源现状 …… 132
9.5.1.4 建筑直接利用地热资源举例 …… 132
9.5.2 间接利用地热资源的现状与发展 …… 139
9.5.2.1 世界地热发电现状与发展 …… 139
9.5.2.2 世界范围内地热发电举例 …… 141
9.6 地热利用的前景和风险 …… 141
9.6.1 被低估的能源 …… 141
9.6.2 恰当处置风险可控 …… 142

10 潮汐发电 …………………………………………………………… 144
10.1 潮汐能与潮汐发电 ………………………………………………… 144
10.1.1 潮汐能 ………………………………………………………… 144
10.1.2 潮汐发电 ……………………………………………………… 145
10.2 潮汐发电的类型 …………………………………………………… 146
10.3 拦海大坝潮汐发电 ………………………………………………… 146
10.3.1 地理和物理条件 ……………………………………………… 146
10.3.2 拦海大坝 ……………………………………………………… 146
10.3.3 拦海大坝潮汐发电用涡轮机 ………………………………… 147
10.3.4 拦海大坝潮汐发电的泵抽出 ………………………………… 148
10.3.5 拦海大坝潮汐发电的功率产出 ……………………………… 148
10.3.6 拦海大坝潮汐发电的不同设计 ……………………………… 149
10.3.7 拦海大坝潮汐发电的优点和缺点 …………………………… 149
10.3.7.1 拦海大坝潮汐发电的优点 ……………………………… 149
10.3.7.2 拦海大坝潮汐发电的缺点 ……………………………… 150
10.3.8 拦海大坝潮汐发电举例——朗斯大坝潮汐发电站 150
10.4 潮汐流发电 ………………………………………………………… 150
10.4.1 潮汐流发电概述 ……………………………………………… 150
10.4.2 潮汐流发电技术设施 ………………………………………… 151
10.4.2.1 轴流式涡轮机 …………………………………………… 151
10.4.2.2 文丘里效应 ……………………………………………… 152
10.4.2.3 立轴水平轴双击式涡轮机 ……………………………… 153
10.4.2.4 振荡型设施 ……………………………………………… 154
10.4.3 潮汐流发电功率输出 ………………………………………… 155
10.4.4 潮汐流发电举例 ……………………………………………… 155
10.5 潮汐发电技术新设计 ……………………………………………… 156
10.5.1 动态潮汐发电 ………………………………………………… 156
10.5.1.1 动态潮汐发电概述 ……………………………………… 156
10.5.1.2 动态潮汐发电的优势 …………………………………… 157
10.5.1.3 动态潮汐发电的技术开发 ……………………………… 157
10.5.1.4 动态潮汐发电的挑战 …………………………………… 157
10.5.1.5 动态潮汐发电概念的发明者 …………………………… 157
10.5.2 潮汐潟水湖 …………………………………………………… 158
10.6 潮汐发电小结 ……………………………………………………… 160

11 有关太阳辐射、地热和潮汐能的书籍 …………………………… 161

1 基本概念

1.1 可再生能量

可再生能源用来产热和发电，有着无可比拟的广阔前景。一个既有长期保障又可持续发展的能源供应不仅在将来而且现在就不可避免地和调整能源供应到“清洁”能源的轨道上相联系在一起。另外，除了可以直接利用的太阳辐射，还有风能、水力、地热以及生物质能源——太阳能和地球能的衍生变种，原则上讲，是取之不尽用之不竭的。

说到可再生能量，首先涉及的是能量承载者具有“无限”可供性，这一点不同于化石能量承载者诸如煤、石油、天然气或者可裂变元素，仅有限资源可以供应。

一个由太阳“驱动”的闭合物质循环过程，比如可以是水的循环，太阳能—氢—能量系统或者 CO_2 循环。

比如说，水循环系统将如下事件结合在一起：太阳能将海水蒸发，降水(下雨)，水汇聚成河流，流水的势能遂转换成机械的和电的能量形式——可用能量。

基本上说，地球上几乎所有的能量都源于太阳，例如：化石燃料是经千百万年转化了动植物存储的太阳能形成的。可以说所谓“可再生能量”就是：每天借助太阳的力量所能再生的能量。

在原始能量的定义下：化石能量承载者，即是在“自然”的原始时代形成的煤、石油、天然气等。这种观点，仅仅依照如今的眼光去看是对的。然而，源于植物生物质的化石能量承载者毕竟属于二次(次生)能量，实际上原始能量仍是太阳能。和可能用尽枯竭的化石燃料相反，可再生能源可以不断更新和再生，不会用尽。对此首推聚合元素或聚合力。在德国，2007 年仅大约 3%的发电量由可再生能源如水力、风能、太阳能、地热和生物质能源贡献。目前发电成本尚高，但可以肯定，环境友好的可再生能源会在今后一些年内迅猛发展。

可再生能量按照其能源可以分为三个基本类型：

1. 太阳辐射；

2. 地热；

3. 地球和月球的潮汐力。

可再生能量的一个显而易见的例子就是：每天都可再生，但可供使用的辐射强度不断变化的太阳辐射。太阳辐射亦可如下分类：

1. 直接形式利用太阳能：

此外还包括：

①地热；

②潮汐能。

2. 间接形式利用太阳能：

①生物质能；

②水力；

③风能；

④环境热。

与此相似，以年为周期的生物质能以及有更短些、或者更长些重复周期的如水力、海水能和风能；这里尚没有算进去的是地热。至于垃圾焚烧，尽管实际上不断有新的垃圾生成，只有垃圾的生物质组分才应该被分类至可再生能量，而不是全部的垃圾。

可再生能量在生态上与环境和睦相处；分布不集中；也不依靠分配网络的介入。由于可再生能量的多样性，可以整体上为工业和私人应用领域所需能量载体(电、发动机燃料、中温热和低温热)做好各种相应准备和配置。

总体上，可再生能量在利用过程中释放 CO_2 中等。这意味着：根本不产生 CO_2，或者不再像生成它们那样地释放大量 CO_2。

可再生能量目前的缺点是：

1. 功率密度低；

2. 不均匀的可供性；

3. 要达到不间断的收益，可能要通过单体可再生能量间的组合，比如说，风能和光伏相结合发电。

1.2 可再生能量的供应

利用太阳能，在技术转换上呈三种形式：

1. 太阳能化学的能量承载者；

2. 太阳能化学的能量变换；

3. 太阳能化学热泵。

1.2.1 热的能量价值

热的能量价值是热做功能力的表征。

热的能量价值被定义为：从指定能量中可以最大做功的能力。也就是说，其最大能量产出或能量释放，热的能量价值不能绝对地予以阐述表征。热的能量价值必须根据具体温度情况，即永远取决于当时的环境温度，比如说：$T_0=288K=15℃$，来作彼此之间的比较。

举例：

热的 exergy——热力学系统从给定状态到与周围介质平衡过程中可做的最大功的形式出发，用以评价能量品位的一个参数。又称可用能或有效能。比如说做功 1kW·h，从50℃到 100℃，再到 1000℃，可做的最大功之比为：

$$0.1084:0.2279:0.7738=1:2.10:7.14$$

这表明：高温热明显地比在温度为 100℃时的热更具充分能量价值。

反过来思考：具有现行温度 50℃的低温实际应用，对于房间供暖足矣。携 7 倍有余的能量价值用燃油或者煤的燃烧高至1000℃左右，意味着能量价值的巨大浪费。

1.3 化石能量的耗尽与可再生能量的不竭

1.3.1 能量的三落和三起

3种主要化石能(其载体为：煤、石油、天然气)和核分裂能，都是利用可枯竭的能量原材料。根据目前探明的全世界储量以及能量消耗量，液体碳氢矿物油、天然气以及可核分裂材料都只能支撑几十年最多不超过100年。煤，可能例外地稍微长一点点，约120年。

这里我们说另外三种能量，即并没有具体地与能量原材料相关的能量，划分如下：

1. 合理的能量转换，即合理的能量利用；
2. 环境热(二级热)形式的太阳能利用；
3. 太阳二级能量如电和氢的世界贸易。

这三种能量在它们的说明中根本就没有任何能量原材料，只不过是有技术知识，当然还有一项——金融资本。

涉及第一种，“合理的能量转换，即合理的能量利用”显然完全没有任何能量原材料存于其中。“合理的能量转换，即合理的能量利用”的出台是由于其可以起到巨大作用和具有潜能，特别是在工业化国家，可以立即见效。这只是因为实现了：所要求的能量效益，仅仅花费很小的原始能量投入。

没有涉及任何能量原材料当然也就没有与环境产生任何冲突。几乎取之不尽用之不竭的能量当首推太阳能。太阳提供给地球的能量是如今全世界人类所需能量的10000～15000倍之多。

就这一点来说，每一个国家每一块土地都应当有这样或者那样一种太阳能形式可资利用。然而，问题在于：太阳能的供应无论是时间上还是地域上并不连续。从现在的观点看来，只有通过可存储的和可运输的化学太阳二级能量承载体，比如氢，才能解决问题。

这样一来，日渐枯竭的碳氢化合物则完全不需再面对走向穷途末路的境况，能量应用上可以不再供应这种不可再生能源。碳氢化合物不可再生能源将在枯竭度上更进一步：把剩下的保留下来，作为化学工业的原料。

1.3.2 能量供应

气象相关的能量供应：光伏发电、风力和水力发电的使用，需高度地既基于时间上的供应特征又基于地域的分配来加以区别对待。这一点也适用于与地热供应相互间作一比较。

因此，对于时间上的可再生能源供应变量而言，在个别时间段也应予以考虑。鉴于这个原因，为了经济因素的分析，源于太阳、风、和水力以及地热的可再生能源供应必须依一天的过程，一个月的经过，或一年的经历仔细予以分析评估。

1.4 能量的概念和转换

1.4.1 能量的源泉

一个自然能量的源泉，也就是说出处，可以是太阳、地球转动和地热。

1.4.2 能量载体

所谓能量载体指的是所包含的能量可以转换成可应用能量的一种介质，比如说：流水、风、周围空气、太阳辐射等等；当然还有氢，可作为能量载体使用。

原始能量载体是不屈从于任何转换并且直接经过一次或几次转换赢得二次能量的载体。原始能量载体既有化石燃料：如煤、石油、天然气、核燃料；又有可再生能：如水力、风力、太阳能、生物质能和地热。

1.5 能量的形式

当阳光照耀，河水潺潺，雷电闪亮，大雨滂沱；或者打开散热器，点火做饭，接电照明；或者机动车辆路上行驶；所有这些过程的背后都隐藏着一个无处不在的能量威力。"Energeia" 在希腊语中是功效的意思。在自然界，这个普遍存在的力量有各种不同类型的供应。为了使它们以电和热的形式被应用，作为第一步，能量必须加以转换。能量分类如下：

1. 原始能量；
2. 二次能量；
3. 终端能量；
4. 使用能量。

1.5.1 原始能量

原始能量是在大自然中出现的，包含经精打细算可利用能量成分的并且尚没有受支配予以转换的所有能量载体。这里，原始能量载体首数化石能量载体：如硬煤和褐煤，石油和天然气；可再生能：如太阳能、水力、风力、地热和潮汐能。

在德国，石油是最重要的能量载体(39%)，接下来是天然气(21%)、煤(13%)。可再生能量载体在全部原始能量消耗中仅占约 2%。

化石燃料如硬煤和褐煤，石油和天然气是世界上应用最多的：石油 40%、煤 24%、天然气 23%。但是，它们不能再生，仅可以在有限时间段内提供储备。基于原料减少的剧烈影响以及燃烧产生残余的危害，化石燃料利用仍然是全球面临最严重问题之一。

对于化石能量载体而言，它涉及从地壳中得到的能量物质，即原始能量载体。经燃烧，化石燃料通过释放 CO，CO_2 和 SO_2，加重了环境负担。氮氧化物(NO_x)的产生再加上灰尘、甲烷和重金属，使环境更加恶化。

1.5.2 二次能量

在大多数情况下，发电厂、炼油厂等处将原始能量转换成二次能量。二次能量载体包括焦炭、煤饼、电、远送热量、重油和汽油。

这里，二次能量同时扮演着终端能量的角色。但是，这里指的并非太阳辐射能量借助自然的转换途径。

1.5.3 终端能量

“终端能量”的概念这里定义为：

为了满足能量需求而“购买”的能量。

1.5.4 使用能量

自然生成的能源如硬煤和褐煤、石油和天然气以及可再生能源在发电厂转换成使用能量并且满足要求的能量生产能力。使用能量小于终端能量并且由原始能量转换而来，作为供暖、过程热以及电力使用。

上述能量基本概念示意如图 1-1 所示。

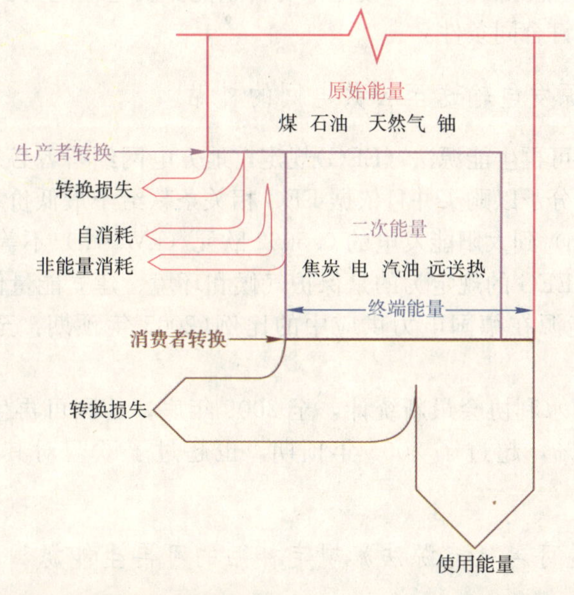

图 1-1 能量基本概念示意

1.5.5 能量收益系数

能量收益系数指：为了在某一预期时段太阳能设施的运行，得投入多少倍的能量才能得到所需要的能量产出。

能量收益系数是提供给一个设施的能量与它的产出和运行所要求的能量之比。

下面罗列了常见能量设施的能量收益系数：

1. 生物动力材料　　≈1；
2. 电池　　2～4；
3. 晶体太阳能模板　　3～4；
4. 平板型集热器　　7～10；
5. 太阳能塔发电　　15～20；
6. 水力发电　　→100。

显然，可再生能量的收益系数要比化石能量差。

1.5.6 能量投资回收时间

可再生能量设施比如太阳能设施产能多长时间可还清分期付款亦很重要。

1.6 德国可再生能源法

德国政府通过《优先发展可再生能源法》(Erneuerbare-Energien-Gesetz，EEG)来引导能源发展方向，并设立了联邦经济和科技部来支持可再生能源发展。2004 年生效的《可再生能源法》设定的目标是：到 2020 年可再生能源发电量占德国总发电量的 20%。

《优先发展可再生能源法》(EEG)规定了可再生能源发电输送至公共电网的最低补贴、发电并网条件以及签订合同条件。

1.6.1 可再生能源发电输送至公共电网的补贴

按照《优先发展可再生能源法》(EEG)规定，地方电网经营者必须对可再生能源发电输送至公共电网的部分予以购买并且依据 EEG 相关条款给予最低价补贴［从水力发电的 0.0767 欧元/(kW·h) 到太阳能发电的 0.5062 欧元/(kW·h) 不等］。可再生能源发电指的是水力发电等。EEG 的规定为的是保护气候和环境、建立能量供应的可持续发展以及明显提升可再生能源在德国电力供应中的比例(2005 年预期：至 2010 年达 12.5%，2020 年至少 20%)。

根据德国能源和水利协会最新统计，至 2009 年底，德国可再生能源的发电量已占德国电力消耗的 16%，超过了 2005 年预期，也超过了欧盟对其成员国要求的 12% 的标准。

1.6.2 《优先发展可再生能源法》规定补贴的可再生能源

《优先发展可再生能源法》(EEG)规定的给可再生能源发电输送至公共电网最低价补贴的可再生能源范围：

1. 生物质；
2. 垃圾填埋气体、污水处理气体、沼气；
3. 地热；
4. 太阳辐射；
5. 水力；
6. 风力。

1.6.3 能量单位换算

鉴于能量在纯物理量上或者很大或者很小，表 1-1 罗列了其中主要的关系，便于运算比较。

不同能量单位换算 表 1-1

	kJ	kW·h	kg 标准煤	kg 原油	m^3 天然气
kJ	1	0.278×10^{-3}	0.034×10^{-3}	0.024×10^{-3}	0.032×10^{-3}
kW·h	3600	1	0.123	0.086	0.113
kg 标准煤	29308	8.14	1	0.70	0.923
kg 原油	41868	11.63	1.428	1	1.319
m^3 天然气	31736	8.816	1.083	0.758	1

1.7 德国可再生能源资助方案

资助方案是重要的工作市场策略性工具，手工业和建筑业历史上多次直接受益渡过危机。德国政府这次的资助方案主要为促进可再生能源发展，保护环境。资助形式是优惠利息贷款，税务补贴。

1.7.1 联邦市场促进资助

1.7.1.1 促进可再生能源资助

自 2008 年 3 月生效的《促进可再生能源联邦市场资助计划》主要针对可再生能源用于产热制冷创新技术的资助。主要领域包括：

1. 太阳能集热器设施；
2. 热应用固态生物质；
3. 热应用深层地热资源；
4. 没有钻孔和开发资源危险的热电联产(其效益分析如图 1-2 所示)；
5. 其他可再生能源用于产热和制冷的创新技术。

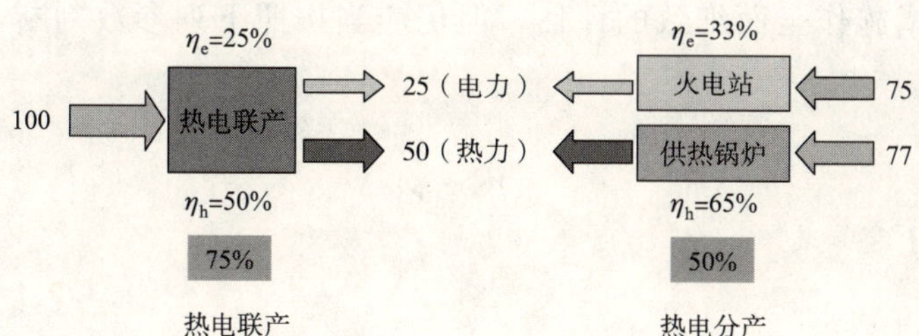

图 1-2 热电联产效益分析
(来源：康艳兵等，2008)

1.7.1.2　基础资助

至 40m² 太阳能设施补助(以太阳能集热器的毛面积计算)：

用于热水制备的　　　　　　　　60 欧元/m²

1. 用于热水制备及供暖支持组合；

2. 用于过程供热；

3. 用于太阳能制冷。

105 欧元/m²

1.7.1.3　创新资助

20～40m² 太阳能设施毛面积的创新补助：

3 倍于基础资助：

1. 居住建筑至少 3 个单元；

2. 非居住建筑至少 500m²。

2 倍于基础资助：

1. 过程热；

2. 太阳能制冷。

创新补助的申请前提是尚没有签署供货及服务合同。

1.7.2　环境和节能资助计划

尚有其他促进可再生能源应用的资助，例如：

1. 环境保护措施贷款：重点资助中小企业；

2. 乡镇基础设施促进可再生能源资助；

3. 国家环境改善企业资助：可覆盖 75%投资额，最高达 1 千万欧元。

1.8　可再生能源经济效益关注

1.8.1　经济效益预估参数

为了使一项能量措施可以兼备技术高效、生态明智并且经济投入各方面的优势得以明晰地估计，应当在初步方案阶段就对经济效益予以关注。当然此时不可能在数量上和质量上对能量措施作全面细致的评估，但仍应当按照下列参数判断，在几个方案中选取最佳：

1. 投资总额；

2. 使用年限；

3. 资本生息；

4. 年能耗；

5. 能量价格上涨；

6. 附带维护保养花费。

1.8.2 经济效益预估的资本值比较

进行经济效益评估最流畅的方法是基于一个总成本比较——资本值比较。下述数学表达式简明介绍这一过程：

$$K_a = m_e \cdot (K_e + m_u) \cdot (K_u + K_i)$$

$$K_{e,m} = K_{e,o} \cdot m_e = E_w \cdot EBF \cdot k_{e,o} \cdot m_e$$

$$m_e = \frac{(1+S)}{(P-S)} \cdot \left[1 - \left(\frac{1+S}{1+P}\right)^n\right] \cdot a_{p,n}$$

$$K_i = I_0 \cdot a_{p,n}$$

式中 K_a——年花费；

m_e 和 m_u——能量和维护保养涨价中值系数；

K_e——能量花费；

K_u——维护保养花费；

K_i——年资本花费；

$K_{e,m}$——平均年能量花费；

$K_{e,o}$——按照现在能量价格的下年能量花费；

$k_{e,o}$——现在能量价格；

S——年能量涨价率；

P——核算利息税率；

n——使用年限：15 年，$n=1.5$；20 年，$n=2.0$；

I_0——开始时间点投资；

$a_{p,n}$——年应付息金因数，相应于资本利息和清偿：

$$a_{p,n} = \frac{p}{1-(1+p)^{-n}}$$

1.8.3 节省能量评估

应用光伏设施或者太阳能设施所节省的能量值，将通过：如果不用这些可再生能源设施，必须付的化石能量载体花费或电价换算成钱(欧元/a)。

这一结果(欧元/a)是用太阳能收益(kWh/a)和化石能量载体花费或电价(欧元/kWh)的乘积来计算出的。

这一结果也反映了每年资本花费(欧元/a)和每年采用太阳能技术利用能量 (kW·h)间的关系如何，并且由此来看：所有形式的可再生能量都值得利用。

1.9 世界可再生能源利用现状

按照国际能源局(International Energy Agency，IEA)基于对主要能源市场(如图 1-3(*b*)黄色地区所示)的最新统计，世界太阳能产热的总能力在 2009 年达到了 189GW，相应于 2.7 亿 m^2 的集热器面积［如图 1-3(*a*)所示］。

相比其他可再生能源，太阳能产热的贡献仅次于风力位居第二，比光伏发电大很多

[如图 1-3(*a*)所示]。

本册书的内容为自然原始可再生能源：太阳能、地热资源和潮汐能。首先从太阳能利用开始讨论。由太阳能衍生的可再生能源：风力、水力和生物质等放在本系列丛书的第四册《建筑可再生能源的应用（二）》。

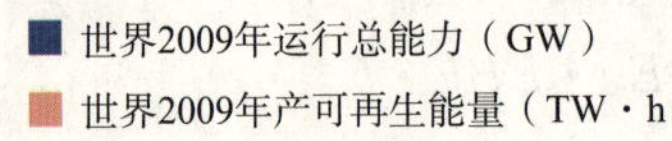

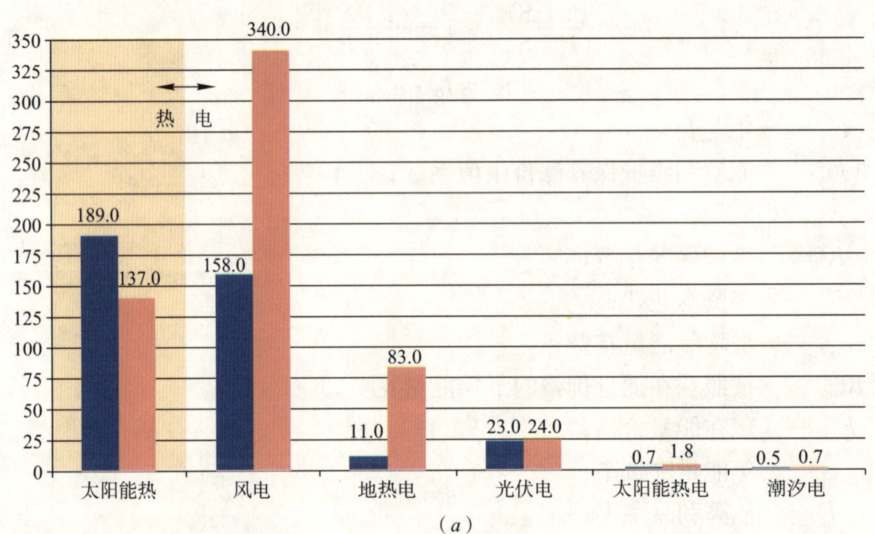

(*a*)

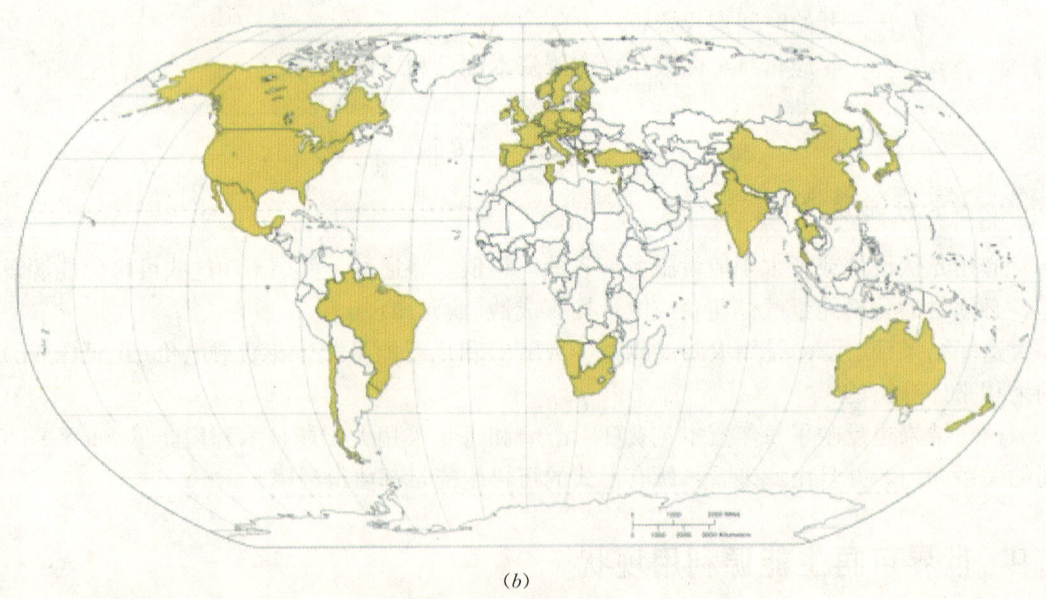

(*b*)

图 1-3　2009 年世界可再生能源应用统计

（来源：IEA 2010）

2 太阳能利用

2.1 来自太阳的能量

太阳能来自太阳辐射，太阳辐射可以产生热能、引起化学反应、或者产生电能。太阳是特别巨大的能源；太阳光辐射是地球接受的最主要能量来源。太阳辐射，再加上源于太阳的二次太阳能：如风、海水、水力和生物质能，构成了地球上现有的可再生能源之绝大部分。但是，地球表面接收到的能量密度非常低。这主要是因为距离遥远，太阳光辐射具有极大的径向分散。地球在大气层接受 174×10^{15} W 即 174PW 的太阳光辐射，其中 54％进入的太阳辐射被地球大气层及云层吸收或散射，近 30％被反射回太空，其余被云层、海洋和陆地质量吸收。

到地球表面的太阳光谱大部分散布在可见光线、近红外线，有小部分近紫外线。

地球陆地表面、海洋和大气层吸收太阳辐射而增加其温度。热空气中含有从海洋蒸发的水，引发大气循环和对流。当空气抵达温度低的高海拔处，水蒸气凝结成云，遂降雨到地球表面，完成水的循环。水凝结的潜热加大了空气对流，产生大气现象，诸如：风、气旋、反气旋。太阳光被海洋和陆地块吸收，保持地球表面平均温度约 14℃。通过光合作用，绿色植物将太阳能变成生物质能。而化石燃料即是从经储存的生物质能转化而来的。

地球陆地、海洋和大气层吸收的总太阳能约 3850×10^{3} EJ/a，即每年 3850×10^{21} J。在 2002 年，世界全年总能耗仅仅为太阳 1h 射入地球的能量。地球光合作用捕捉 3000EJ 能量至生物质中。每年抵达地球的太阳能是如此之大，大约 2 倍于地球所有不可再生能量(包括煤、石油、天然气和矿物铀)的总和。

表 2-1 罗列了地球出现的太阳能、风能和生物质能绰绰有余地供应人类 1 年能量所需。

可再生能源和世界能耗 **表 2-1**

太阳能	3850×10^{3} EJ
风能	2250EJ
生物质能	3000EJ
原始能源(2005)	487EJ
电能(2005)	56.7EJ

然而，增加生物质作为生物燃料的消耗会对全球暖化和食品价格产生副作用。作为间歇式资源，太阳能、风能更具优势。

2.2 太阳能量的利用

在世界各地，可以在不同层面收获太阳能，这取决于多么趋近赤道。利用太阳能的一个重要方面是利用当地平均日照(average insolation)——接收太阳能来替代借助原始能源发电。

人类一年用电能量 18TW 即 568EJ/a。地球上大部分人的居住地平均日照为 150～300W/m^2 或者说每天 3.5～7.0kWh/m^2。

实际上，仅仅非常小的一部分太阳能为人们所利用。图 2-1 所示为利用太阳能产生电能和热能的转换结构。太阳能产生电能主要依赖于热机发电和光伏效应。

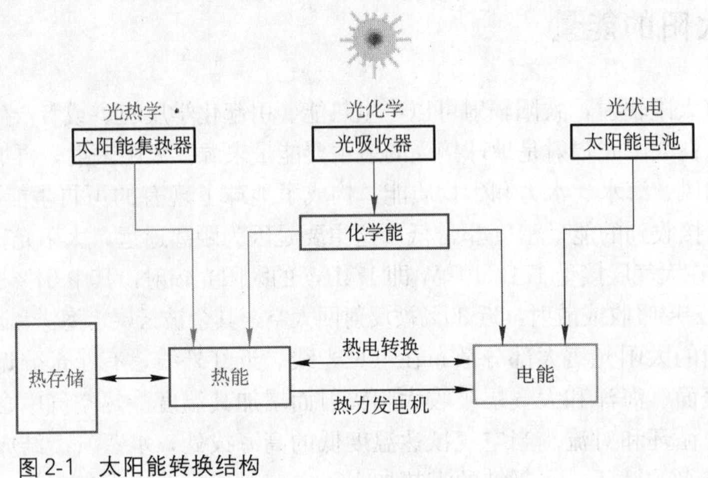

图 2-1　太阳能转换结构

2.3　利用太阳能的分类

以宏观角度，主要依照捕捉、转换和分配太阳能量的特点，太阳能量的利用可以分为无源和有源利用太阳能：

1. 有源利用太阳能包括采用光伏模板和太阳能集热器来收获能量；用泵、风机来协助传导太阳能。有源利用太阳能多基于能量供应方面的要求。

热存储质量块的概念包含有热容量的内容，但还有热量侵入系数的因素，详见本丛书第二册《建筑无源制冷和低能耗制冷》表 4-1。热存储质量尚与导热性和光反射率有关，详见第二册第 4.5.2 节。

2. 无源利用太阳能包括选择带有大热存储质量块或者光线弥散特性的材料；建筑设计具有自然通风，建筑物正立面朝阳等。无源利用太阳能多基于使用方面的要求。

图 2-2 所示是位于德国 Freiburg 由建筑师 Rolf Disch 设计的一幢著名的“逐日太阳房子”。它可以随太阳转动——保持每一天，每个季节都能捕捉最多太阳能。屋顶装置的光伏模板也可以总朝向太阳，以达到最佳能量效益。

图 2-3 所示为 2010 年美国 Virginia Tech 大学的 Lumenhaus 赢得三年一届的利用太阳能建筑 Solar Decathlon 大奖的作品。它体现了传统建筑设计和可持续发展建筑技术的完美结合：75m^2 使用面积的建筑空间可以折叠；对外界天气条件变化能自动调节的外墙使能量效益最佳，这幢建筑赢得了评委和大众的青睐。

图 2-2 德国 Freiburg 由建筑师 Rolf Disch 设计的“逐日太阳房子”
(来源：Rolf Disch)

图 2-3 2010 年美国 Virginia Tech 大学的 Lumenhaus 赢得三年一届的 Solar Decathlon 大奖的作品

太阳能的利用限于人类的智慧。部分利用太阳能包括：通过太阳能为建筑空间加热和制冷、蒸馏和杀菌饮用水制备、日间照明、太阳能热水、太阳能炊事以及工业生产过程高温热。要收获太阳能最常用的是太阳能集热器。

3 太阳能热水

超过 70%的家庭耗能用于加热室内空间和家用热水。因之，不用商业能源而采用太阳能加热可算利用可再生能源最方便、最划算的首选。

3.1 水用太阳能加热

家用热水利用太阳能有很多方法，大致可分为有源和无源太阳能热水供应两类。

无源太阳能热水系统中没有任何泵及其他电气元件。如果没有较长时间接近冷冻期或阴天，采用无源太阳能热水系统非常有效。然而，有源太阳能热水供应系统对于其他天气条件更可靠。

图 3-1 所示为一个典型有源太阳能热水系统。如果加用光伏电池模板从太阳获取能量驱动泵等电控元器件，这一有源太阳能热水器则变成了可持续发展的系统。

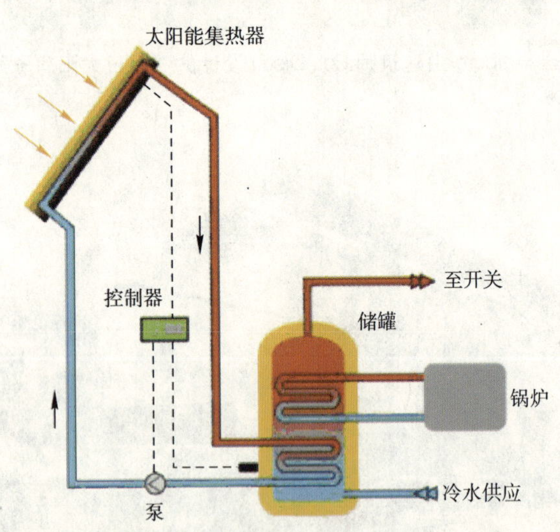

图 3-1 太阳能热水系统

（来源：Renewable Energy Centre，UK）

3.2 太阳能集热器

用太阳能来加热水常常采用装置在屋顶的太阳能集热器，如图 3-2 所示。然后，经集热器加热的水被送到一个中央加热系统。这样的一个系统可以包揽全年 40%～60%的热水需求并且每年减少 400kg 的 CO_2 释放。

图 3-2 太阳能集热器
（来源：Arizona Solar Water）

太阳能集热器通常有 3 种类型：

1. 平板型太阳能集热器(Flat-plate collector)；

2. 真空管型太阳能集热器(Evacuated-tube solar collectors)；

3. 集成集热器一存储器系统(Integral collector-storage system，ICS)或称“投配”系统(batch systems)。

3.2.1 平板型太阳能集热器

平板型太阳能集热器吸收太阳辐射能量并向工质传递热量。平板型太阳能集热器由位于透明盖板下镀成黑色的金属吸热板、保温隔热材料、框架及有关零部件组成。再加上循环管道和保温水箱后，即能够吸收太阳辐射热使水温升高。非直接工质水中加防冻剂。水温一般来说 35℃左右，推荐用作燃气锅炉水预热，如图 3-3 所示。

如果加用光伏电池模板从太阳获取能量驱动泵等电控元器件，太阳能热水器可以成为零化石能源消耗系统。

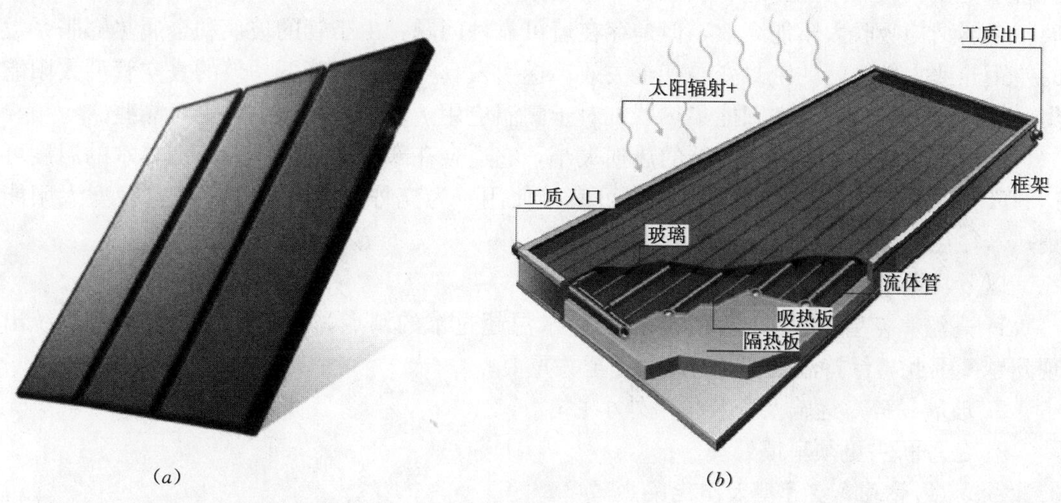

图 3-3 平板型太阳能集热器外观 (a) 及结构 (b)

3.2.2 真空管型太阳能集热器

3.2.2.1 真空管型太阳能集热器结构

真空管型太阳能集热器由若干全玻璃真空太阳能集热管按一定规则排成阵列与联集管、尾架和反射器等组装而成。每只真空管内具有平面或曲面的铝制鳍(fin)状物接触到金属吸收套管(通常是铜管)。这些鳍状物具有选择性吸收太阳辐射涂层并能防止热损失。热交换借助热传导流体(水)在具有进出口的流体管内循环。真空太阳能集热管按不同形式组合装入隔热良好的框架之内，如图 3-4 所示。

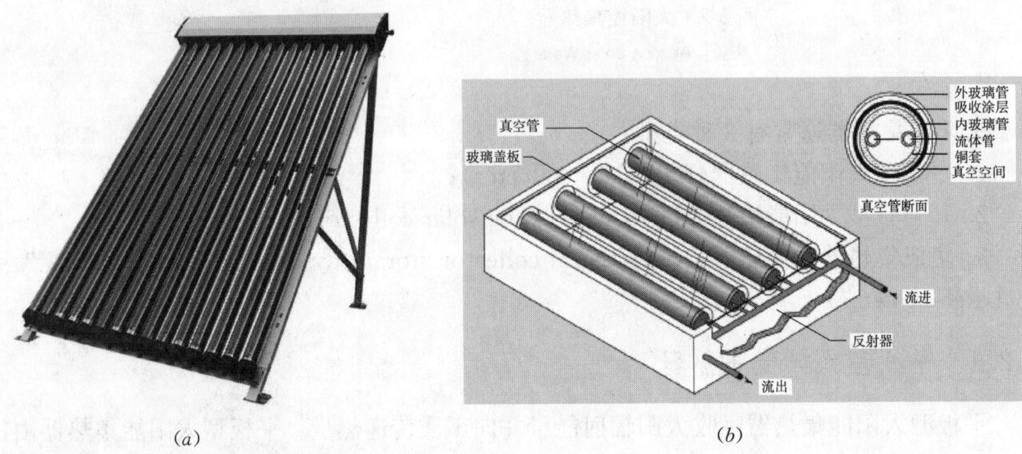

图 3-4 真空管型太阳能集热器外观 (a) 及结构 (b)
(来源：Renewable Energy Centre，UK)

3.2.2.2 真空管型太阳能集热器特性

这种结构安排使得每一单独的管可以很容易地旋转，以期让这些鳍状物达至恰当的倾斜度以更多吸收太阳能。这一点甚至于当整个集热器被水平放置时也能办到。这样一种玻璃—金属结构吸收太阳能高效，但是存在着可靠性问题：由于管的玻璃和金属热膨胀系数的差距导致它们之间的密封变弱甚至失效，遂引发真空损失。降低功效的真空管型太阳能集热器甚至不如平板型太阳能集热器。对于高温应用，玻璃—玻璃结构更可靠些。

鉴于真空管型太阳能集热器的热损失小，它适合在寒冷地区使用。其加热水的温度可达 60℃左右(有时更高)；因之，热水可直接使用。为充分发挥其潜力，真空管型太阳能集热器往往和热水存储器相连。

以下几点应注意：

1. 高温真空管型太阳能集热器可能使水温超过水的沸点，使家用太阳能热水系统出现问题。因此，保持温度不超过 100℃至关重要；

2. 玻璃易碎，运输及安装须格外小心；

3. 冬季积雪更须审慎处理。

3.2.2.3 热管式真空管型太阳能集热器

图 3-5 所示简单地描绘了热管式真空型太阳能集热器的结构及工作原理。

如图 3-5 所示：内部密封的真空金属(铜)热管贴在黑色的吸热铜板上。它并不隔热，但促使其内部所盛液体(乙二醇或者纯水加其他附加物)改变状态。此真空可在相当低的温度和普通大气压下使所盛液体蒸发。当太阳辐射至吸收层，热蒸气迅速升高至金属热管顶端。水或者乙二醇通过一个导管吸收热的同时凝结流回金属热管底部，准备下一循环。

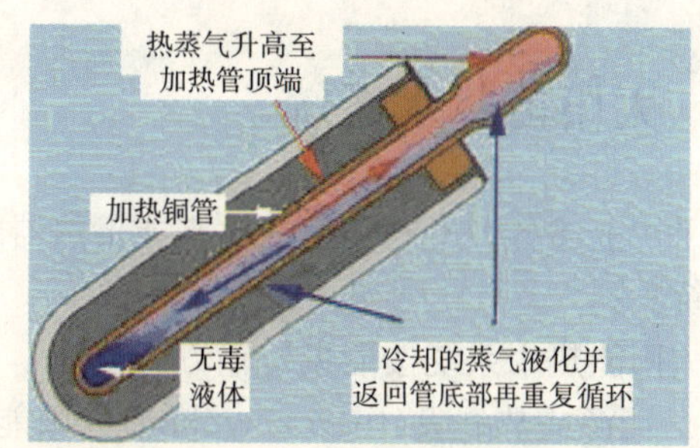

图 3-5 热管式真空型太阳能集热器的结构及工作原理
(来源：Renewable Energy Centre，UK)

热管式真空型太阳能集热器相对于直接真空管型太阳能集热器的优点在于加热器和接收器间的“干”连接。这使得安装容易，并且意味着不用排空全部系统内液体便可更换热管。

热管式真空型太阳能集热器的缺点是它只能允许大约 25°倾角安装，以确保热管内部所盛液体能返回热管底部。

3.2.3 投配系统

图 3-6 所示为无源投配太阳能热水器的简图。

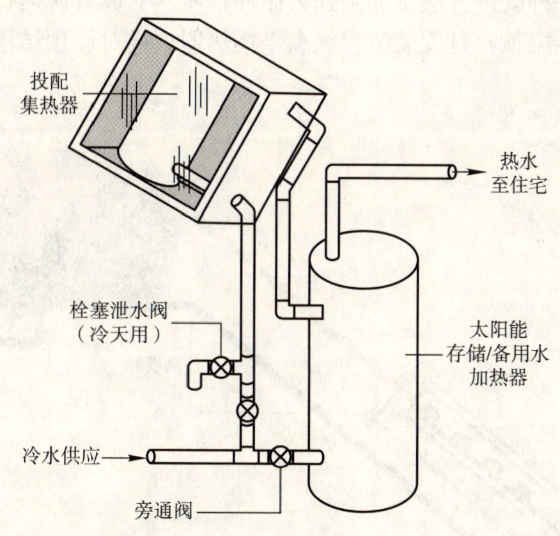

图 3-6 无源投配太阳能热水器
(来源：Renewable Energy Centre，UK)

集成集热器－存储器系统(Integral collector-storage system，ICS)或称投配系统(batch systems)在一个隔热的，装玻璃的箱子中有一个或几个黑色储水罐或储水管。冷水先经过太阳能集热器预热，然后继续进入太阳能存储/备用水加热器，提供可靠热水热源。

集成存储器系统只应安装在最寒冷天也不会结冰的地方。

3.3 太阳能热水系统

采用上述各种不同类型的太阳能集热器之一加上能量传输和热存储单元组成太阳能热水系统。

太阳能热水系统按能量传输方式分为：

1. 无源或热虹吸(thermosyphon)太阳能热水系统；
2. 有源太阳能热水系统。

3.3.1 无源热虹吸太阳能热水系统

在一个无源热虹吸太阳能热水系统中，工质液体的流动借助于热浮力。图 3-7 所示为一个无源热虹吸太阳能热水系统。

无源热虹吸太阳能热水系统的工质循环基于自然对流，无需机械泵。

热虹吸太阳能热水系统简单、可靠、便宜，没有维修问题。相对于投配系统(batch systems)更具灵活性：热水储罐隔热良好，过夜热损失小，供应时间长。

热虹吸太阳能热水系统最大的缺点是气温低于冰点或静止时间过长则停止工作；再次启动要解冻排水才行。一种改进方法是加泵强力循环，使其变成有源运行系统。此系统另外一个缺点是它必须安装在屋顶并且安装位置须高于集热器，遂对屋顶结构的承载能力要求高。

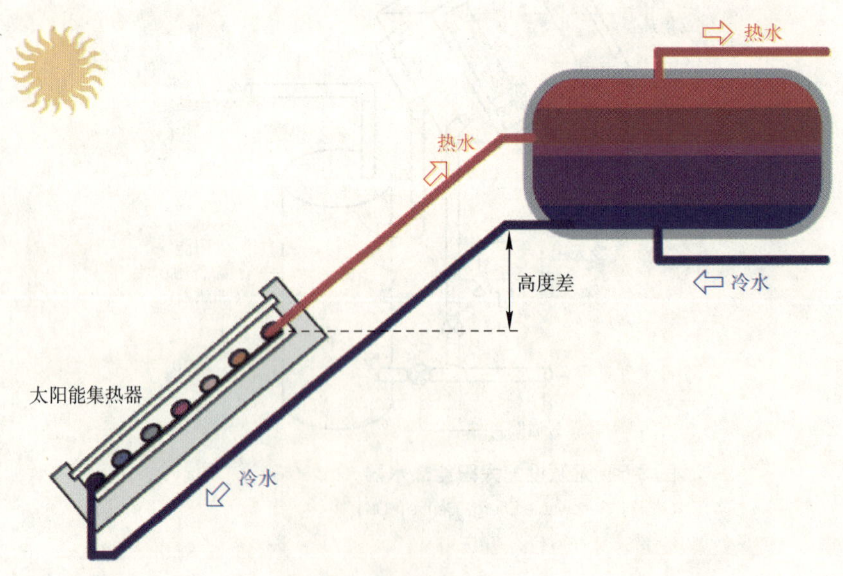

图 3-7 无源热虹吸(thermosyphon)太阳能热水系统
(来源：EERE)

3.3.2 有源太阳能热水系统

依照系统循环方式划分，有两种有源太阳能热水系统：

1. 直接循环系统；

2. 间接循环系统。

3.3.2.1 直接循环系统

家用水泵使水通过太阳能集热器进户。这种系统仅在真正无冰冻期的地方才能够使用。

3.3.2.2 间接循环系统

间接循环要经过太阳能集热器以及热交换器。在热交换器处将水加热再入户。这种系统在近于冰冻温度时也可工作。图 3-1 所示的太阳能热水系统即属于间接循环系统。

3.3.3 闭环防冻热交换系统

太阳能热水系统按控制方式可分为：

1. 开环太阳能热水系统；
2. 闭环太阳能热水系统。

闭环防冻热交换系统提供了最可靠的防冻保护。太阳能集热器以及热交换器中选用的循环工质为无毒的丙烯乙二醇。

图 3-8 所示为闭环防冻热交换系统简图。

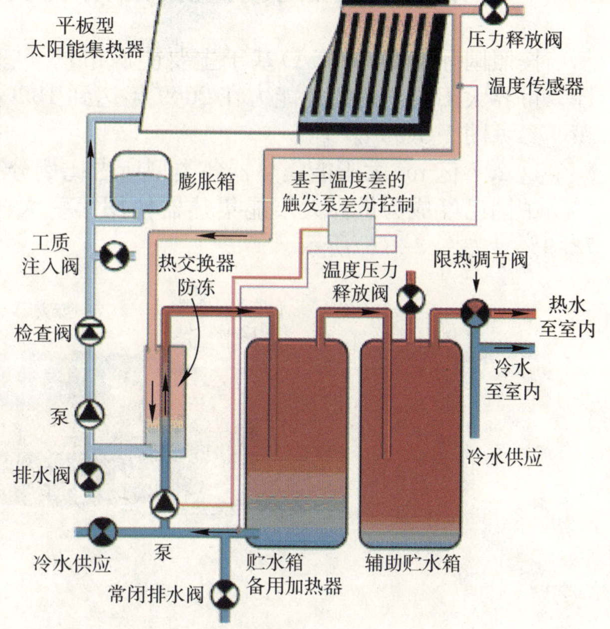

图 3-8 闭环防冻热交换系统
(来源：Arizona Solar Water)

闭环防冻热交换系统采用：

① 膨胀贮水箱可随温度变化防冻；

② 1 只压力释放阀用以防止闭环超压；

③ 采用 1 只弹簧承载检查阀，用于防止闭环倒流使夜晚时分太阳能集热器将加热器的热量消散；

④ 1 只气阀，用来释放闭环可能产生的任何气体；

⑤ 1 只压力计；

⑥ 1 只温度计。

2 个加热器间安置关闭阀，允许用加载泵来启动整个闭环系统，并排出运行过程中所有气体。存在气体是系统运行的大敌。

这种系统因可靠性高，其应用十分普遍，可以用于家用太阳能热水系统，辐射式地板供暖。

3.4 应用太阳能热水系统的选择

确定系统的选择首先取决于建筑物所在地是否需要防冻保护。如果真的无霜冻，无源投配太阳能热水器或者小型无源热虹吸（thermosyphon）太阳能热水系统对于 1～3 口之家就很好；大面积用户也可以采用开环直接泵系统在平板型集热器和贮水箱间进行水循环。

为帮助选择系统，现将各种不同类型太阳能热水系统的特点和优缺点罗列于表 3-1。

不同类型太阳能热水系统　　表 3-1

类　型	特　点	优　点	缺　点
投配	开环，集成	简单，无源	防冻差
热虹吸	开环	简单，无源	防冻差，安装位置必须高于集热器
直接泵驱动	开环	安装自由，可用 PV 供泵	防冻差，不适合硬水
闭环冻环热交换器	闭环	防冻好，可用 PV 供泵	复杂，高滞留温度时易停运

注：PV——光伏模板。

3.5 世界太阳能热水系统的应用现状

按照国际能源局(IEA)基于主要能源市场［参见图 1-3(*b*)黄色地区所示］的最新统计，世界太阳能产热的总能力在 2009 年达到 189GW，相应于 2.7 亿 m^2 太阳能集热器面积［参见图 1-3(*a*)］。

这 2.7 亿 m^2 太阳能集热器各类型所占比例分布如图 3-9(*a*)所示。

中国已经成为世界太阳能集热器使用第一大国，安装太阳能集热器面积占全世界的 78.9%，如图 3-9(*b*)所示。

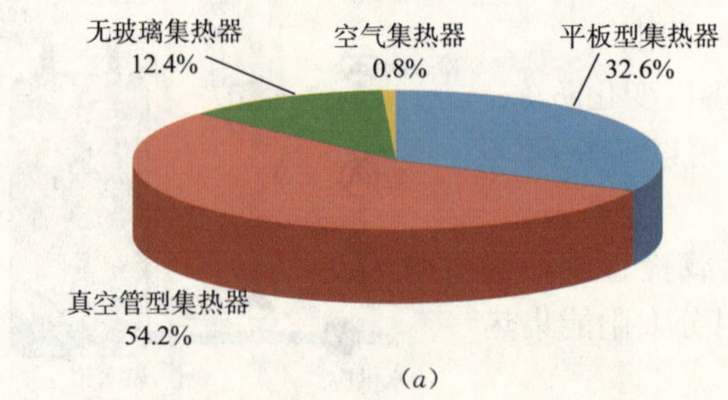

(*a*)

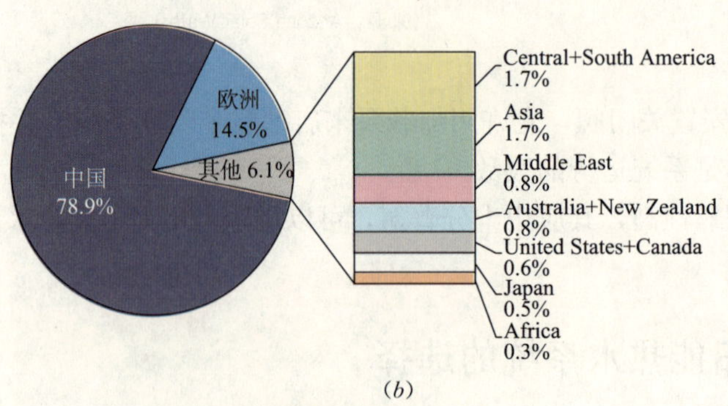

(*b*)

图 3-9　2009 年世界太阳能热水应用统计
(来源：IEA 2010)

4　太阳能热的存储

根据第 1 章 1.5 节：热能和电能是人类目前最主要的两种应用能量。然而，储存恰恰是易于测量和控制的电能之软肋：绝大部分电能只能在电网上即时消费。从第 2 章的图 2-1 还可以清楚地看出：利用太阳能产生电能和热能的转换结构中，太阳能热存储踞重要位置。

4.1　家用太阳能热水贮水箱

4.1.1　家用太阳能热水贮水箱

从第 3 章可知，家用热水利用太阳能有很多方法：直接和间接加热；有源和无源太阳能热水供应；按控制方法尚有开环和闭环之分。然而，从国际能源局(IEA)推荐的几种家用太阳能热水系统来看(如图 4-1 所示)，不论使用何种家用太阳能系统热水贮水箱都是必不可少的。

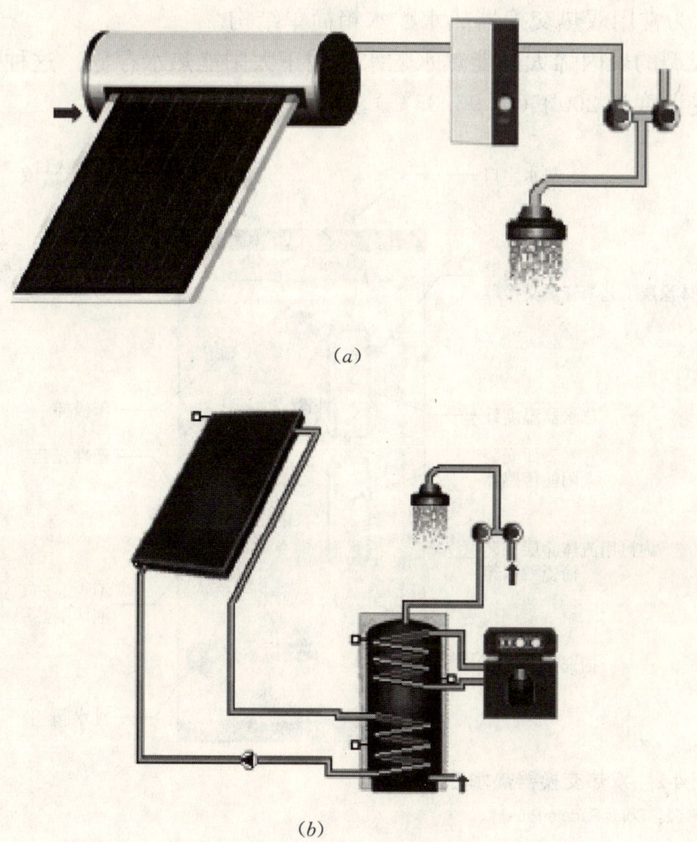

(*a*)

(*b*)

图 4-1　家用太阳能热水贮水箱（一）

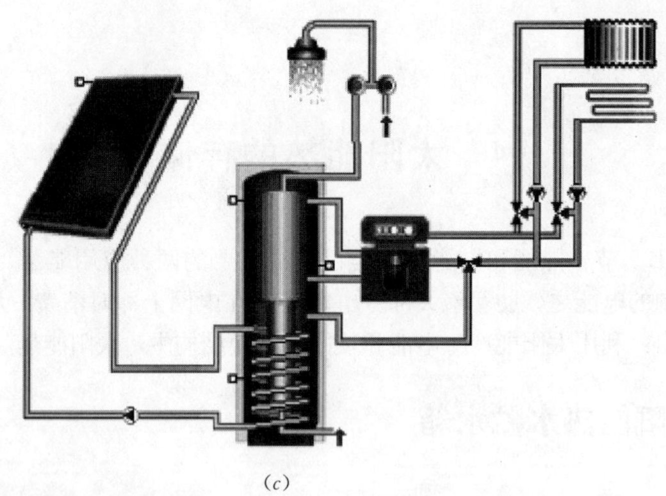

(c)

图 4-1 家用太阳能热水贮水箱（二）

（来源：IEA 2010）

(a)开环控制直接太阳能热水系统；(b)闭环控制间接太阳能热水系统；(c)组合太阳能热水系统

4.1.2 太阳能热水贮水箱结构

图 4-2 所示为常用双热交换器热水贮水箱简单结构。

旋转注模成型的聚丙烯太阳能热水贮水箱用于太阳能热水存储。这种贮水箱在通常大气压下可以承受温度为 200℉（即 93.33℃）。

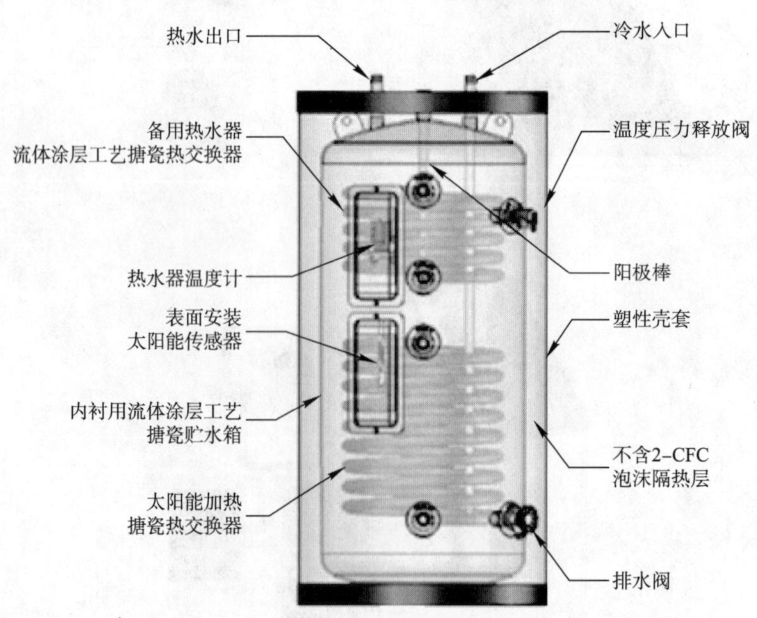

图 4-2 双热交换器热水贮水箱

（来源：Solar Panels Plus）

4.1.3 太阳能热水贮水箱温度分层和温度分布过渡过程

4.1.3.1 保持贮水箱水温度分层

家用太阳能热水系统要达到最佳运行，有很多考量：太阳能集热器面朝南并置以适当垂直偏角、无遮挡等。然而，一个重要的问题却没有被注意到——热水贮水箱温度分层。

热水贮水箱中温度简单地分层：由于热水相对密度小，会在贮水箱上部。因此，大部分热水贮水箱的出口均装在贮水箱的顶端。

当需抽出热水又不破坏分层时，有两种办法值得推荐：

1. 出水选择用小的泵(42W)泵出，并且采用球型阀节流；

2. 选择光伏(PV)模板供电的直流(DC)电泵(12V)，泵出速度可以调节，但价格较昂贵。

4.1.3.2 贮水箱温度分布过渡过程

热水贮水箱中水的温度分层损失与多个因素相关。从太阳能集热器来的热水流，或者从冷水源进入的冷水会导致层间混合。

根据不同的热力学条件和边界条件测量贮水箱中水的断面温度将有助于分析温度过渡过程。计算机模拟结果表明：对于1个174×458CVs贮水箱中水的温度需90min过渡过程才能达到预期状态。图4-3所示为太阳能热水贮水箱加热期断面温度过渡过程计算机模拟结果。

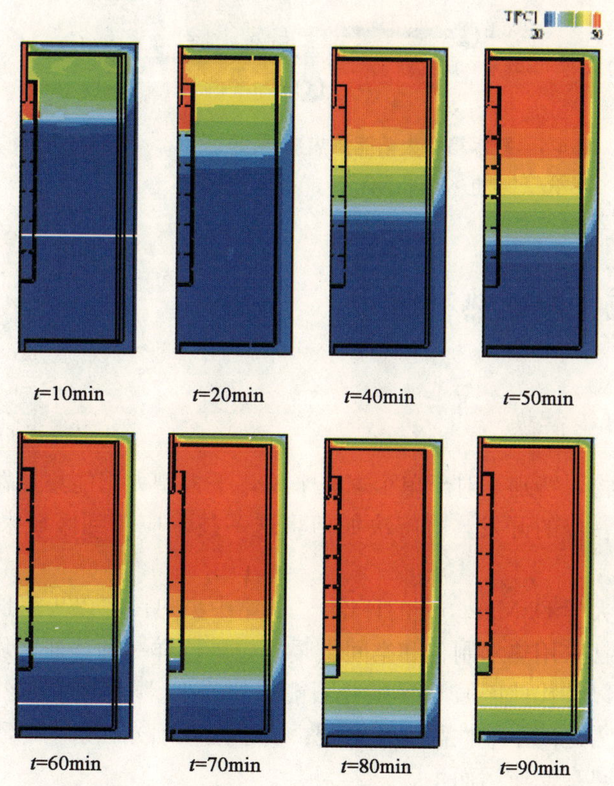

图4-3 太阳能热水贮水箱加热期断面温度过渡过程计算机模拟
(来源：IEA 2009)

4.1.4 太阳能集热器和热水贮水箱的连接

当贮水箱和太阳能集热器分开时，系统设计必须提供从贮水箱到太阳能集热器以及返回的水流通道(防结冰)。借助光伏(PV)模板供电的微小型直流循环泵(根据功率要求选10～30W)驱动。当然，采用热虹吸系统能免去循环泵。

图 4-4 所示为贮水箱和太阳能集热器的界面。

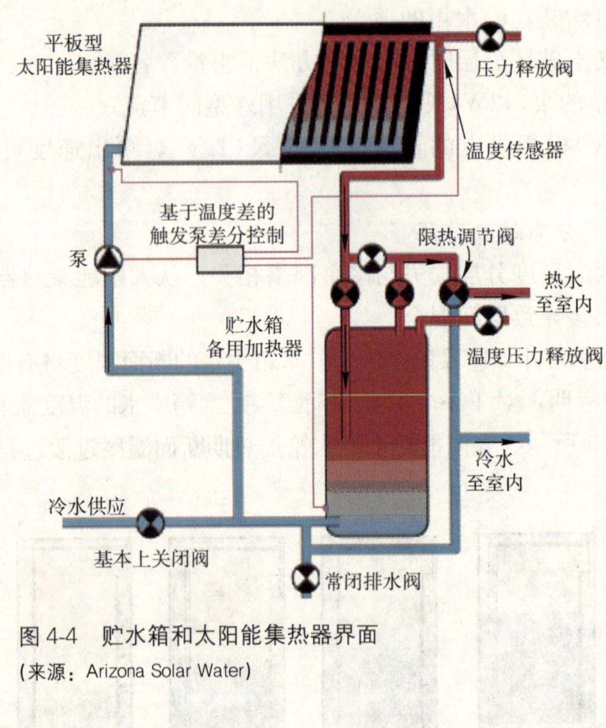

图 4-4 贮水箱和太阳能集热器界面
(来源：Arizona Solar Water)

4.2 有源区域太阳能热存储

4.2.1 区域太阳能供热

对于独栋建筑物，特别是对于单个家庭来说，平板型太阳能集热器和真空管型太阳能集热器很适用。下一步的开发，将解决如何将这一技术应用到区域来实现太阳能供热的问题。

按照斯图加特大学 D. Mangold 的评论："一座中央热厂可以为房地产提供最为经济划算的太阳热能，包括家用热水制备和空间供暖。如果这样一种普通区域中央热厂还带有跨季节热存储，则可以替代此区域 50%的化石能源的需求。"

太阳能存在供需之间季节性高度不匹配：夏季强太阳光辐射；冬季高热量需求。为予以平衡，跨季节的热存储应运而生。

依照中欧气候情况，图 4-5 所示为几种太阳能热系统间的比较：

1. 太阳光辐射和热量需求的太阳能季节性高度不匹配显而易见；

2. 家用太阳能热水系统在夏季可以提供 100%热量需求，但全年仅能提供 7%～10%的热量需求(包括供暖和热水制备)；

3. 太阳能供暖和热水制备系统全年仅能提供 15%～20%的热量需求(包括供暖和热水制备)；

4. 采用跨季节太阳能热存储的中央热厂能提供约 50%的热量需求(包括供暖和热水制备)。

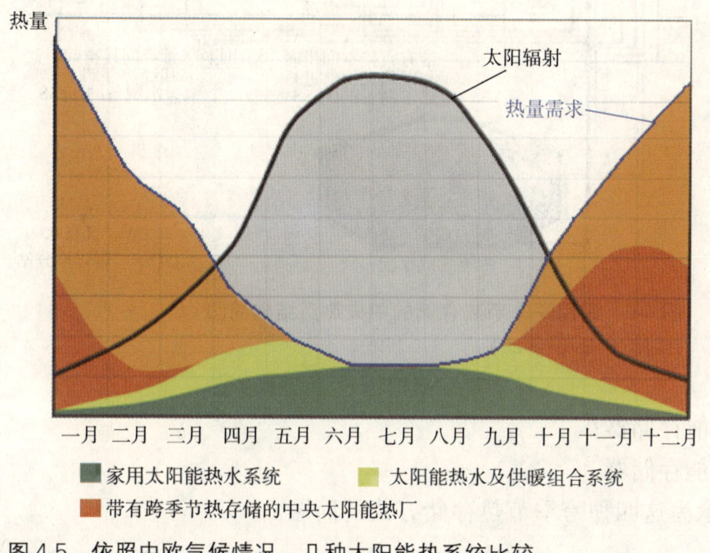

图 4-5 依照中欧气候情况，几种太阳能热系统比较
(来源：D. Mangold)

区域太阳能热厂由安置在热转换分站附近的太阳能集热器阵列(安装在平地或者屋顶)组成。

这里，区域太阳能热厂的热存储有两种类型：

1. 每日的热存储；

2. 跨季节的热存储。

采用每日的热存储，区域太阳能热厂可以替代此区域 15%～20%的化石能源需求。采用跨季节热存储，区域太阳能热厂可以替代此区域大约 50%的化石能源需求。

区域太阳能热厂内设有热转换器或缓冲存储器。如果既没有跨季节热存储也没有太阳能集热器工作时，备用锅炉可以派上用场。

图 4-6 所示为一座采用跨季节热存储的中央热厂的结构。

如图 4-6 所示，从太阳能集热器收集的热量借助太阳能管网送到区域中央热厂，如果需要，也可以通过分配管网至建筑物供热水和空间供暖用。

4.2.2 跨季节热存储

从 1984 年起，已有四种跨季节热存储方式经开发、测试并在实际工况下运行：

1. 热水热能存储器；

2. 砾石一水热能存储器；

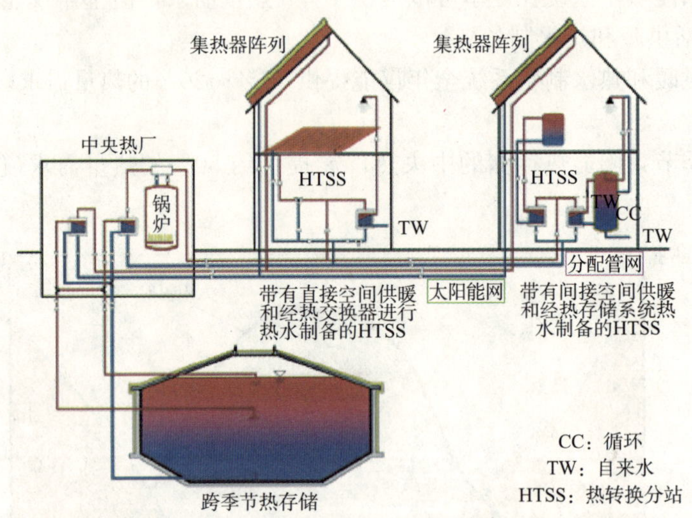

图 4-6 采用跨季节热存储的中央热厂结构简图
（来源：D. Bauer et al.）

3. 钻孔热能存储器；
4. 蓄水热能存储器。

图 4-7 所示为这四种跨季节热存储方式的简图。

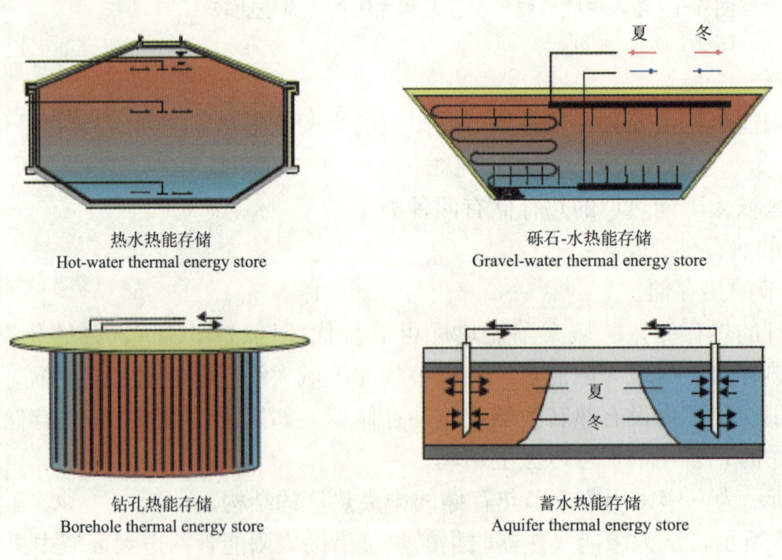

图 4-7 四种跨季节热存储方式
（来源：D. Bauer et al.）

跨季节热存储方式的选择主要取决于建设项目所在地的地下地质和水文地质条件。显然，热存储器选址处的地质和水文地质勘探（特别是对于钻孔热能存储器和蓄水热能存储器）必不可少。如果条件对于几种季节热存储方式均适合，则须进一步评估投资成本。

4.2.3 跨季节热存储器的设计

4.2.3.1 背景

全球气候变暖和化石燃料枯竭日趋严重。提倡可再生能源，特别是直接利用太阳能愈来愈引人注目。太阳能热系统是替代燃烧化石燃料供热的一个可行途径。然而，随之而来的一个主要问题在于：太阳能热夏季供过于求，冬季恰恰相反——热供应需求远远大于太阳能热供应。这里，设计并最佳化带有跨季节热存储器的太阳能热系统：达到100%太阳能热系统对燃烧化石燃料供热的替代，适应环境，花费合理，成为重要题目。

这里介绍一个课题：为在美国华盛顿州 Vashen 岛上一座大型低能耗建筑设计带有跨季节热存储器的太阳能热系统，以期达到100%太阳能热系统对燃烧化石燃料供热的替代，适应环境，花费合理的目标。

4.2.3.2 系统能力预估

系统的能力预估首先依据太阳能热系统物理模型——将系统划分为集热器、低能耗建筑物和跨季节热存储器三个子系统，如图 4-8(*a*)所示。估计低能耗建筑物要求的热负荷，如图 4-8(*b*)；决定跨季节热存储器的规模以及太阳能集热器阵列尺寸大小。

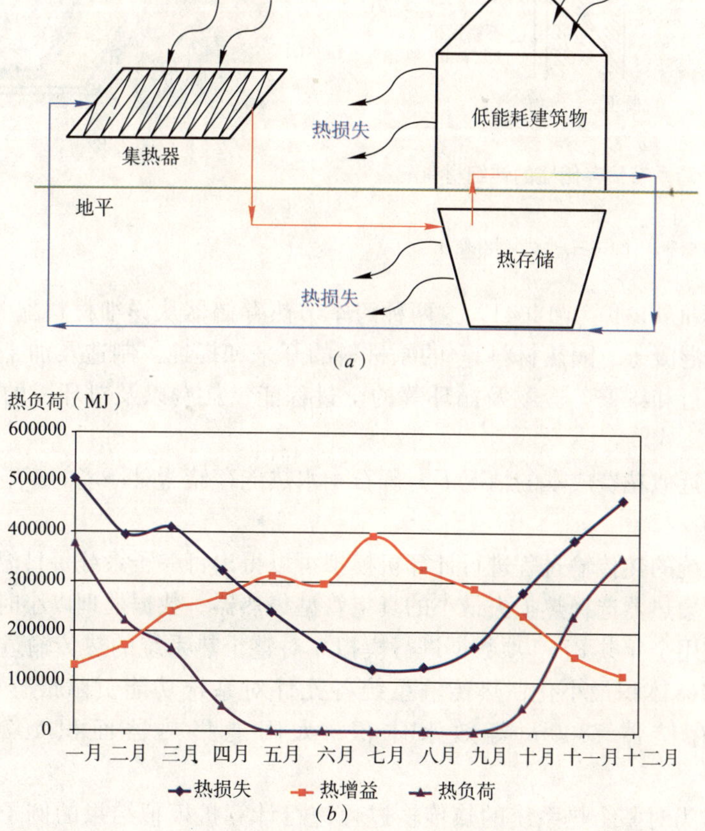

图 4-8 带有跨季节热存储器的太阳能热系统物理模型及年热负荷分析

(来源：A. Henson)

(*a*)热系统物理模型；(*b*)年热负荷分析

按照对跨季节热存储器规模的估计以及隔热材料的要求比较不同热存储器类型在建造过程中全生命周期的影响，进而最终确定存储器类型。要求的热负荷和太阳能集热器阵列的尺寸大小决定太阳能集热器类型和热量传递系统元件的选择。

4.2.3.3 全生命周期的比较研究

生命周期的评估(life cycle assessment，LCA)是按照国际标准化组织(ISO)定义进行的：包括系统对在整个生命周期中的材料、能量输入和输出以及相关联的对环境直接间接的影响。因为可再生能源做热源并不能确保对环境直接间接的影响就一定低；在整个生命周期中材料释放物的影响也要全面评估。

热水热能存储器和砾石－水热能存储器这两种跨季节热存储器的详细材料配置如图4-9所示。

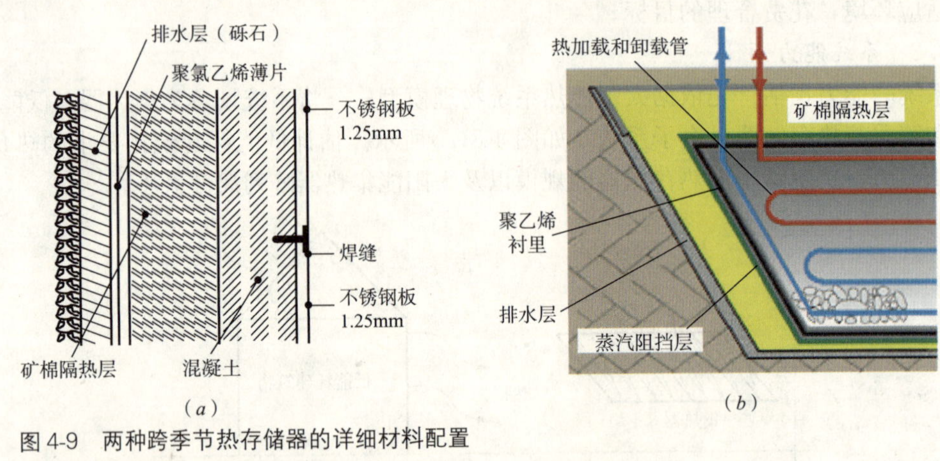

图4-9 两种跨季节热存储器的详细材料配置

(来源：A. Henson)

(*a*)热水热能存储器；(*b*)砾石－水热能存储器

按照ISO标准14040和14041，这两种跨季节热存储器从详细材料配置给出材料(包括存储器衬里、混凝土、隔热材料等)的原材料的开采和提纯，制造及加工，制成跨季节热存储器后的运行和维修，废物及循环等的全过程能量耗费以及对环境的影响都要量化评估。

结论是：在近似花费成本的情况下，砾石－水热能存储器对环境的影响更小。

4.2.3.4 热传输模拟

对整个热系统的热传输过程进行计算机模拟可以得出每一子系统每日温度和热量传输的变化。太阳能集热器选择热损失最小的真空管型集热器。数据处理以小时为单位而不是以月为单位，使用全年共8760项数据进行模拟。对整个热系统的热传输过程的模拟还应使跨季节热存储器体积最小化；热传输系统各元件对系统功能贡献最佳化。最终结果是：跨季节热存储器7800m^3等效水体积；太阳能集热器面积1074m^2；供应管长2116m。

图4-10，作为对整个热系统的热传输过程进行计算机模拟结果的例子，展示整个热系统的最重要子系统——跨季节热存储器的全年运行温度走向和分布。

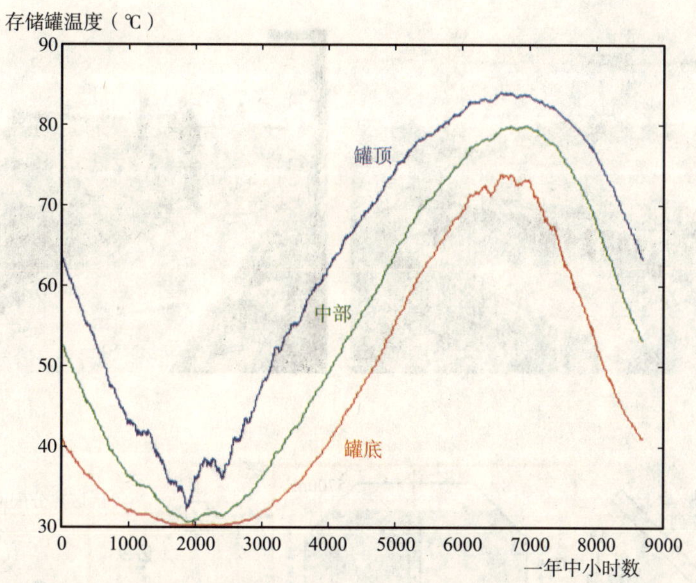

图 4-10 跨季节热存储器全年运行温度走向和分布
(来源：A. Henson)

4.2.3.5 经济效益评估

首先计算每千瓦时(kWh)热能的花费，包括系统价值，贷款偿还，能源价格及电价。依照本书 1.8 节推荐的方法评估带有跨季节热存储器的太阳能热系统的经济效益。

花费的分解大致为：跨季节热存储器建设 30%；集热器阵列 36%；存储器隔热材料 16%；存储器衬里 17%；供热管路 1%。

除此以外，带有跨季节热存储器的太阳能热系统，在 20 年生命周期内可以防止 2200000kg CO_2 释放到环境中。

经济效益评估表明：带有跨季节热存储器的太阳能热系统比燃气供暖系统稍贵；但如果不是仅一座建筑，而是大面积社区使用带有跨季节热存储器的太阳能热系统，将会使单位投资大大降低。

4.2.4 区域太阳能热厂举例

4.2.4.1 德国慕尼黑(München)区域太阳能热厂方案

图 4-11 所示简单描绘了慕尼黑(München)区域太阳能热厂方案。

慕尼黑区域太阳能热厂主要参数如下：

1. 跨季节热能存储器：5700m^{3}热水热能存储器(预制水泥，内衬不锈钢确保水和水蒸气密封)；
2. 太阳能集热器面积：2900m^2；
3. 服务住宅建筑：300 户住宅；
4. 总热量需求：2300MW・h/a；
5. 利用太阳能占总需求：47%；
6. 吸收热泵功率：1.4MW・h。

(*a*)

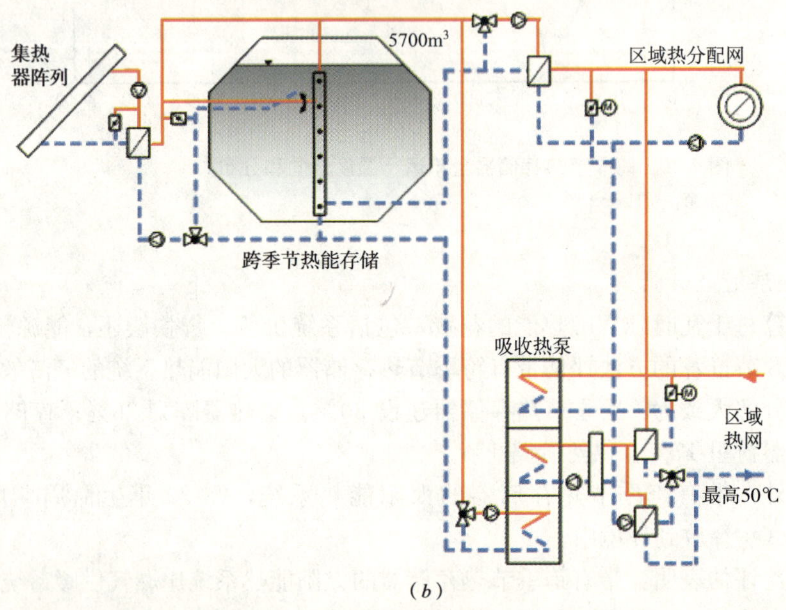

(*b*)

图 4-11　慕尼黑(München)区域太阳能热厂方案

(来源：D. Mangold et al.)

(*a*)集热器阵列的安装；(*b*)框图

4.2.4.2　德国 Crailsheim 区域太阳能热厂项目

德国规模最大的太阳城 Crailsheim 的区域太阳能热厂项目如图 4-12 所示。

(*a*)

图 4-12　德国 Crailsheim 区域太阳能热厂（一）

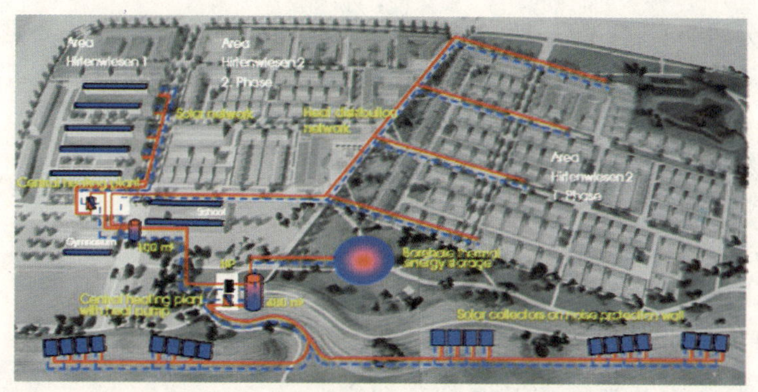

(*b*)

(*c*)

2325m², 1.8MW
住宅建筑
缓冲存储器1
100m³
地区热
W
地区热网
（3MW）
5000m², 3.5MW
噪声防护墙
缓冲存储器2
480m³
蒸发
凝结
热泵
钻孔热能存储器
（39000m³）

(*d*)

图 4-12　德国 Crailsheim 区域太阳能热厂（二）

（来源：D. Bauer et al.）

（*a*）集热器阵列；（*b*）项目鸟瞰；（*c*）存储器安装；（*d*）框图

这个项目分两期实施。第一期为图 4-12(d)的上面部分。第二期主要是跨季节热存储器的建造，这里选择钻孔热能存储器：80 个双 U 形管深 55m，间距 3m，形成 39000m³ 存储体积。利用 2 台热泵可将钻孔热能存储器存储的热量以 20℃排出。

主要参数除了在图 4-12 有所标注的之外，尚有：

1. 服务住宅建筑：260 户住宅，学校和体育馆；
2. 总共热量需求：4100MW・h/a；
3. 利用太阳能占总需求：50%；
4. 热泵功率：530kW。

4.2.5 跨季节热存储器水等效存储体积成本

图 4-13 所示为德国 Splarthermie2000 四种跨季节热存储器项目群的水等效存储体积成本一览。

从图 4-13 的趋势可以近似估计：跨季节热存储器的单位水等效存储体积成本将在水等效存储体积为 20000m³ 时达到最低。

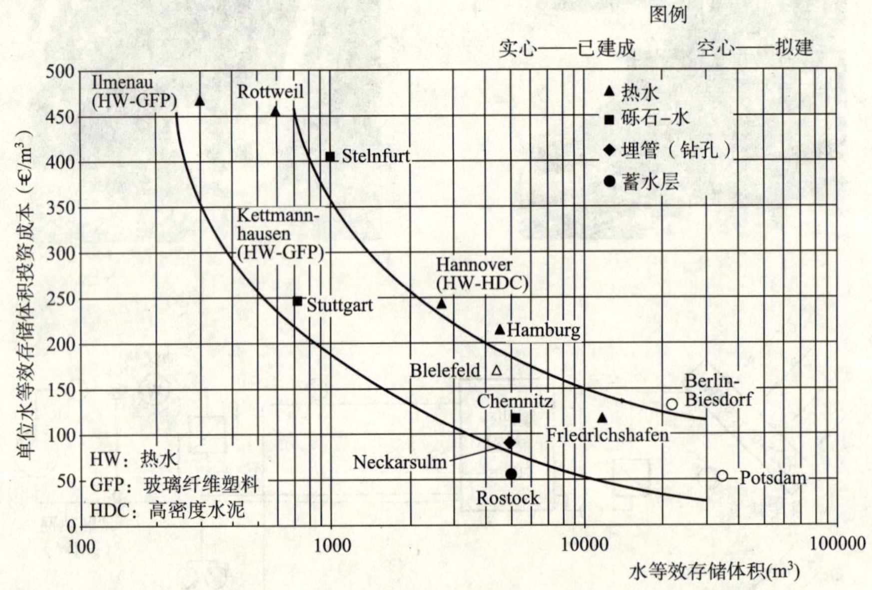

图 4-13 德国 Splarthermie2000 四种跨季节热存储器项目(分别以地名标注)水等效存储体积成本一览图

(来源：T. Schmidt et al. 2004)

4.3 建筑太阳能热存储

4.3.1 建筑物热质量太阳能热存储

太阳能热存储之最简单的形式就是建筑物的热质量，正如图 4-14 所示美国新墨西哥(New Mexico)州阳光带(sunbelt)的土坯建筑(adobe)。

建筑物的热质量白天存储热能，夜晚逐渐释放出来。这是在干热沙漠地区平抑极端温度起伏的好办法。

图 4-14 美国新墨西哥州阳光带的土坯建筑

关于建筑物的热质量，在本丛书第二册《建筑无源制冷和低能耗制冷》第 4 章 4.5 节有详细介绍。

4.3.2 用改进 Trombe 墙建筑物太阳能热存储

在本丛书第二册《建筑无源制冷和低能耗制冷》第 10 章 10.6 节关于透明隔热体(英：Transparent thermal insulation，TTI；德：Transparente Wärmedämmung，TWD)有详细论述。其工作原理是基于良好的隔热性能与良好的太阳能穿透能力的一组强－强组合。这种外建筑部件在热能收支方面体现出正所赢。透明隔热体(TWD)系统(大部分具有玻璃覆盖面)，不算遮阳保护部分，一般依 10%～30%比例集成进建筑物的前立面中。整体 TWD 前立面需要一个附加的遮阳保护。图 4-15 所示为 TWD 的简单结构和工作原理。请有兴趣的读者参阅本丛书第二册相关章节，此处不再赘述。

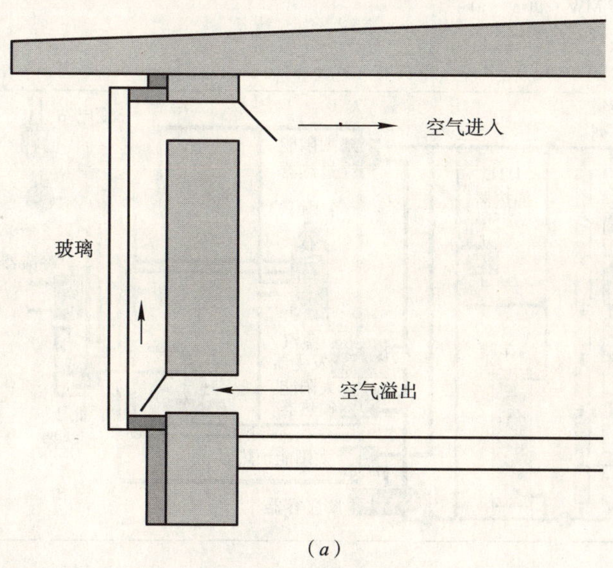

图 4-15 TWD 的简单结构和工作原理（一）

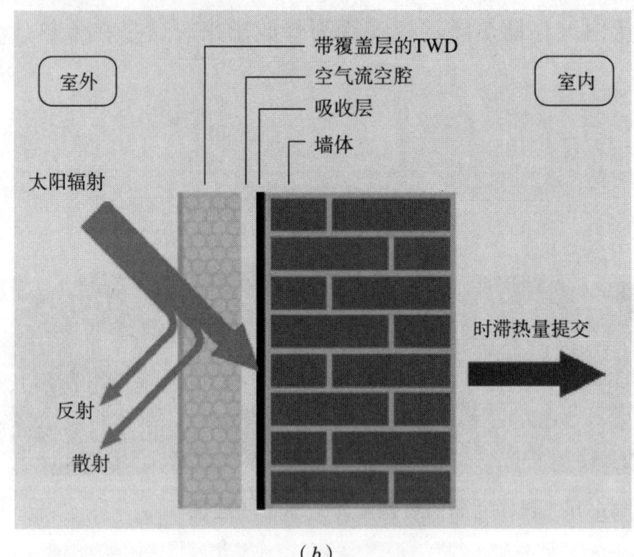

(*b*)

图 4-15 TWD 的简单结构和工作原理（二）
(来源：Fachverband TWD e. V)
(*a*)改进 Trombe 墙；(*b*)TWD 墙工作原理

4.4 大型太阳热能存储

大规模“太阳农庄”(Large solar farms)正成为借助捕捉太阳能来产能发电的重要手段。太阳热能存储(thermal energy storage，TES)是其不可或缺的关键所在。

图 4-16 所示为热能存储系统在太阳热能发电厂的集成。

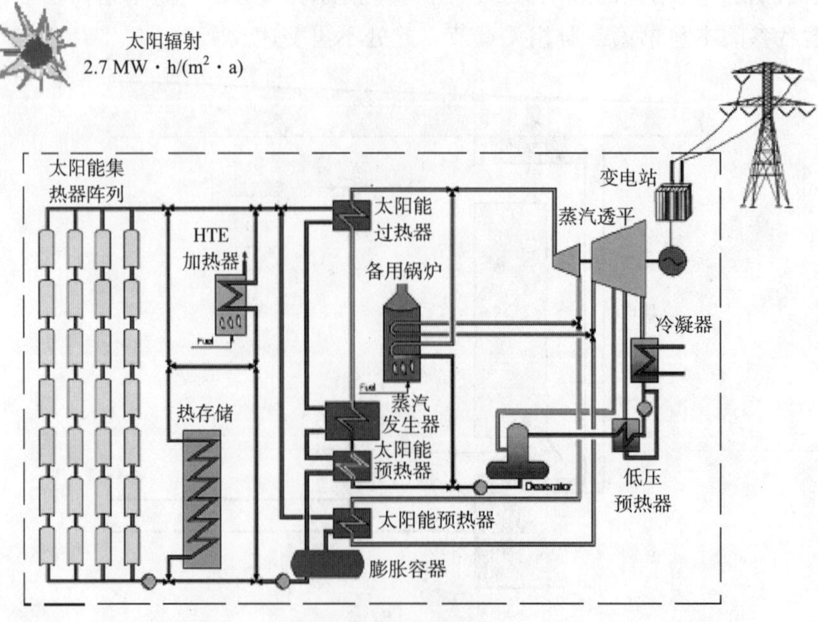

图 4-16 热能存储系统在太阳热能发电厂的集成

4.4.1 双罐间接热能存储系统

4.4.1.1 双罐间接热能存储系统工作原理

热能存储系统从来自太阳能集热器阵列热的传热工质(heat transfer fluid，HTF)，由经热交换器运行。这时，取自冷储罐的冷融盐在热交换器中逆向流动，被加热后存储于热储罐以备后用。当需要所储热量时，系统则简单地反向操作：再加热合成油(synthetic oil)，使之产生蒸汽进而驱动透平发电机组。因为采用不同于太阳能集热器阵列热传热工质(HTF)的存储液体工质，此热能存储系统亦被称为：双罐间接(Two-Tank Indirect)热能存储系统。

图 4-17 所示为最近几年开发出的双罐间接(Two-Tank Indirect)热能存储系统以及其集成入太阳能发电厂的简图。

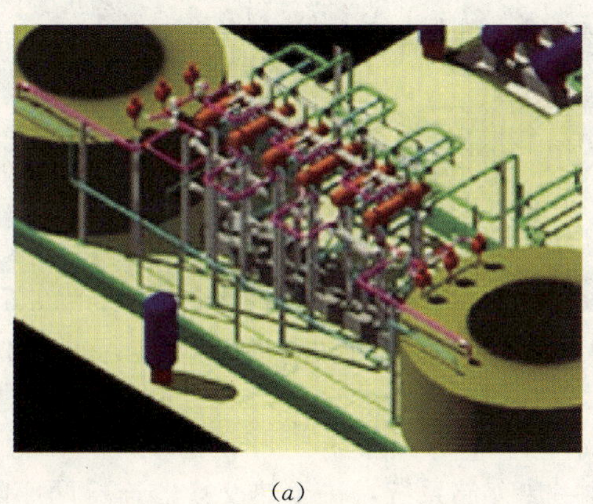

(*a*)

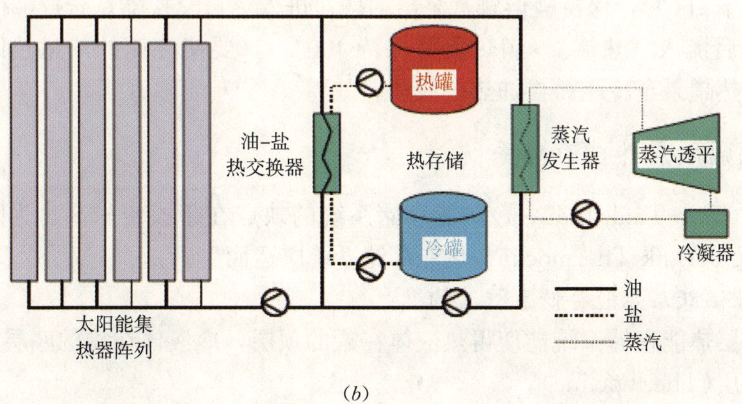

(*b*)

图 4-17 双罐间接(Two-Tank Indirect)热能存储系统及集成入太阳能发电厂

(来源：Flagsol)

(*a*)双罐间接热能存储系统；(*b*)双罐间接热能存储系统集成入太阳能发电厂

4.4.1.2 双罐间接热能存储系统应用举例

2008 年 10 月，西班牙安达卢西亚 Andasol 1 太阳能热电厂开始使用世界上最大热存储器，盛 28500t 融盐(molten salt)，存储从 510000m^2 太阳能集热器阵列中产生的热量。足以在黑夜让 50MW 透平机组工作 7.5h。这一热存储器的运行可以使此太阳能热电厂发电成本降低 11%，如图 4-18 所示。

图 4-18 使用世界上最大热存储器的西班牙安达卢西亚 Andasol 1 太阳能热电厂(来源：NAVA)

巨大的热量被倾入这一热存储系统：一个热交换器连接两座隔热的储罐，每座高 14m 直径 36m，储有熔融硝酸钾(40%)和硝酸钠盐(60%)。这两个储罐保持不同的温度：从“冷罐”(不低于 260℃，保持盐熔融) 泵出的融盐进入热量交换器从合成油(synthetic oil)中拾起热量然后流入“热罐”(满热负荷保持 400℃)。要使存储的热量热卸载，步骤相反：将融盐从热罐泵至冷罐，再加热合成油。

4.4.2 单罐温跃层热能存储系统

双罐间接(Two-Tank Indirect)热能存储系统的缺点在于投资较高。为降低成本，单罐温跃层(Single-Tank Thermocline)热能存储系统应运而生。

4.4.2.1 单罐温跃层热能存储系统结构

单罐温跃层热能存储系统能使得热液体在罐的顶层，冷液体在罐的底层。冷热液体分层称为：温跃层(Thermocline)。

冷热液体热分层(Thermocline)系统还有另一方面优点：大部分存储液体可以用一种低价填充材料替代。美国 Sandia National Laboratories 实验了一座 2.5MW·h，带有二元融盐液体以及用石英石和砂作填充材料的填充床热分层系统，如图 4-19 所示。

相比双罐间接热能存储系统(当然取决于存储液体的价格)，热分层系统可以使成本大大下降。然而，热分层系统必须确保储罐的分层区特性。

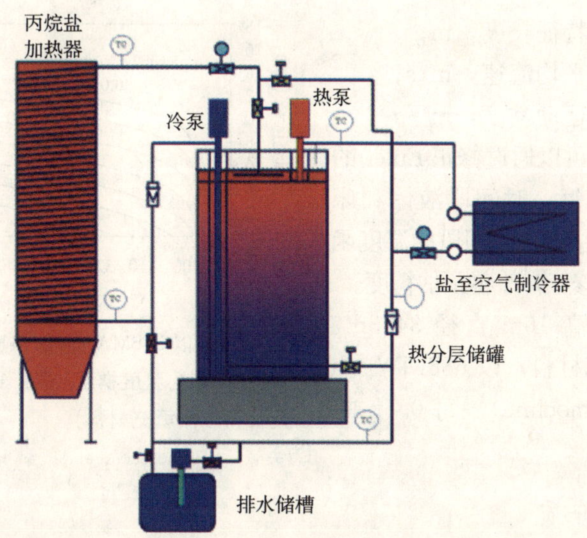

图 4-19 美国 Sandia National Laboratories 带有二元融盐液体以及用石英石和砂作填充材料的填充床热分层(Thermocline)系统
(来源：Sandia National Laboratories)

4.4.2.2 温跃层模型和温度梯度

通常采用 Schumann 方程来模拟罐中的热过程。在此温跃层模型中，下标：b 表示床的参数；f 表示液体的参数，用以描述床和液体间的热传导。

$$(\rho C_\rho)_f \varepsilon \frac{\partial T_f}{\partial \tau} = -\frac{(mC_\rho)_f}{A}\frac{\partial T_f}{\partial y} + h_v\ (T_b - T_f)$$

$$(\rho C_\rho)_b\ (1-\varepsilon)\ \frac{\partial T_b}{\partial \tau} = h_v\ (T_f - T_b)$$

式中 ρ——密度，kg/m^3；

C_ρ——比热，kJ/(kg·K)；

ε——床的空隙比；

T——温度，K；

τ——时间，s；

A——储罐的断面积，m^2；

y——床位置垂直坐标，m；

h_v——体积对流热转换系数，可以按下式算出：

$$h_v = 6h(1-\varepsilon)S/D_{part}$$

式中 S——粒子形状系数，球形为 1；

D_{part}——粒子直径，m。

如果雷诺数 $Re<120$，$h=1.625Re^{0.493}Pr^{1/3}k_f/D_{part}$

如果雷诺数 $Re>120$，$h=0.687Re^{0.673}Pr^{1/3}k_f/D_{part}$

Pr——液体的普朗特(*Prandtl*)数；

k_f——导热系数，W/(m·K)。

雷诺数定义为 $Re=V\,d/\nu$

式中 d——流束的特征长度，m；

V——流体的平均流速，m/s；

ν——液体的运动黏度，m^2/s。

上述偏微分方程可以通过修正 Euler 的方法得到数字解：在每一时间段液体和床的温度函数。借助预估下一时间段的温度函数，温度梯度得以再修正，改善预估精度。

图 4-20 给出罐高 16m 直径 34.3m，用石英石和砂作填充材料，以 688MW·h 加热期热分层(Thermocline)罐每 0.5h 的温度梯度。

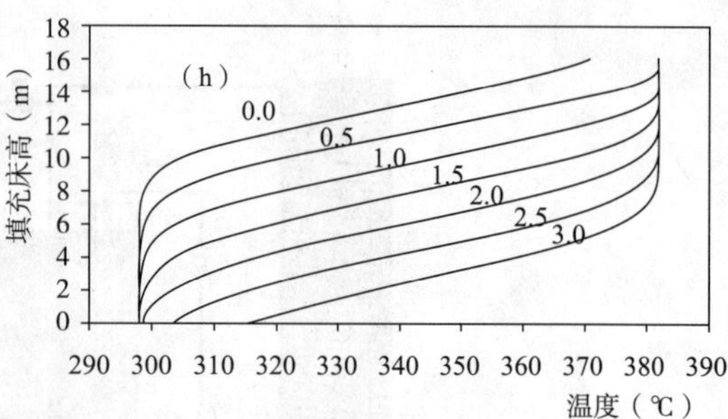

图 4-20 以 688MW·h 加热期热分层(Thermocline)罐每 0.5h 的温度梯度(罐高 16m 直径 34.3m，用石英石和砂作填充材料)

(来源：J. E. Pacheco et al.)

4.4.3 热能存储介质

4.4.3.1 直接融盐传热工质

同时在太阳能集热器阵列和热能存储系统两方面采用融盐传热工质(Direct Molten-Salt Heat Transfer Fluid)可以免去使用昂贵的热交换器。这样一来，在太阳能集热器阵列方面比通常的太阳能集热器运行温度高，并且大大降低了热能存储系统(TES)的投资成本。

然而，融一盐在相对较高的温度 120～220℃会结冰。这样一来，必须小心谨慎：夜里，融一盐在太阳能集热器阵列中不要冻结。在众多寻求解决办法的研究中，美国 Sandia National Laboratories 的研究成果可以做到 100℃才结冰。

4.4.3.2 混凝土

德国宇航中心(Das Deutsche Zentrum für Luft-und Raumfahrt，DLR)正在考核利用固体热能存储工质(高温混凝土 high-temperature concrete 或者可流动的瓷材料 castable ceramic materials)的特性、耐久性和在抛物槽太阳能系统发电厂的使用成本。图 4-21 所示为 DLR 在 Stuttgart 大学安装的测试混凝土热能存储系统的设施。

图 4-21 DLR 在 Stuttgart 大学安装的测试混凝土热能存储系统的设施

(来源：Sandia National Laboratories)

这一系统采用标准太阳能集热器阵列热传输液体(HTF)。此传输液体工质穿过一个埋置于固态介质内的排管矩阵，从此固态介质传入和传出热能以供太阳能发电厂运行。

这一探索最主要的优点在于采用固态介质的成本低。考核的要点之一是此固态介质传入和传出热能的良好热传导速率。

DLR在西班牙南部的实验现场证实：高温混凝土(high-temperature concrete)和可以流动的瓷材料(castable ceramic materials)均适合于热能存储系统。但DLR更倾向于高温混凝土，因为：高温混凝土造价低、强度高、更容易处理。

DLR现在于Stuttgart大学正将这一组件最佳化。

4.4.3.3 相变物质

相变物质(Phase-Change Materials，PCM)允许在相对小的体积内存储大量热能，因而可能使热能存储系统存储介质的成本最低。

最初的相变物质热能存储系统存储介质的探索，考虑在稍微不同的温度熔化，经多级相变物质热交换器。但是，在释放热量时相变物质反向变化。这样一来，一方面系统变得复杂化；另一方面相变物质在整个生命周期的不确定性也引人质疑。

DLR最近的研究发现：单级相变物质(a single phase-change material)就能身兼预热、蒸发和过热蒸汽。他们还发现系统的成本不仅仅在于相变热存储物质的成本而且与能量对相变热存储物质加载和卸载的速率相关。像三明治一样在相变热存储物质间加入一层石墨膜可以增大能量对相变热存储物质加载和卸载的速率。

进一步的工业实验即将在DLR展开。

关于相变物质(phase-change material，PCM)，请读者参阅本丛书第二册《建筑无源制冷和低能耗制冷》第4章4.10.1节。

5 太阳热能空间供暖系统

太阳热能空间供暖系统，顾名思义，捕捉太阳热能来加热空气或者加热水，进而向空间供暖的系统。太阳热能空间供暖系统可以分为：

1. 有源太阳热能空间供暖系统；

2. 无源太阳热能空间供暖系统。

鉴于无源太阳热能空间供暖系统已经在本丛书第一册《无源房屋——能量效益最佳建筑》有详细介绍，此处仅仅讨论有源太阳热能空间供暖系统。

5.1 有源太阳热能空间供暖系统

有源太阳热能空间供暖系统由太阳能集热器和辅助泵等组成，用以吸收太阳辐射来加热空气或者水并且分配这一太阳能热量到供暖空间。当然，热能存储装置可能被包括到这一系统之中，以储存热量供白天以外或没有日照时使用。

有源太阳热能空间供暖系统按照在太阳能集热器中传热工质的类型一般分为两大主要类别：

1. 液体工质太阳热能空间供暖系统：在太阳能集热器中，水或者一种防冻溶液作为传热工质。系统需要热存储装置时，液体系统更占优势。

2. 空气工质太阳热能空间供暖系统：在太阳能集热器中，空气作为传热工质。

5.2 液体工质太阳热能空间供暖系统

液体工质太阳热能空间供暖系统可以采用太阳能家用热水系统所用的运行元件；仅仅是利用被加热的液体工质作为热源进入加热分配系统。此加热分配系统包括热循环辐射器和楼板(地板)盘管系统以及强力通风系统。图 5-1 所示简单勾画了这样一个液体工质太阳热能空间供暖系统。

5.2.1 集热器

如图 5-1 所示，通常选用真空管型集热器。

太阳能集热器斜置角度为建筑物所在地的纬度＋15°。比如说，美国奥斯汀(Austin, Texas)为 45°；北京约 55°。

当需要太阳能集热器发挥最佳特性时，应使集热器平面保持与太阳光入射垂直。

在液体工质太阳热能空间供暖系统中所需太阳能集热器的数量取决于被加热空间的热负荷：

所需太阳能集热器数量＝被加热空间平均热负荷/太阳能集热器额定热输出

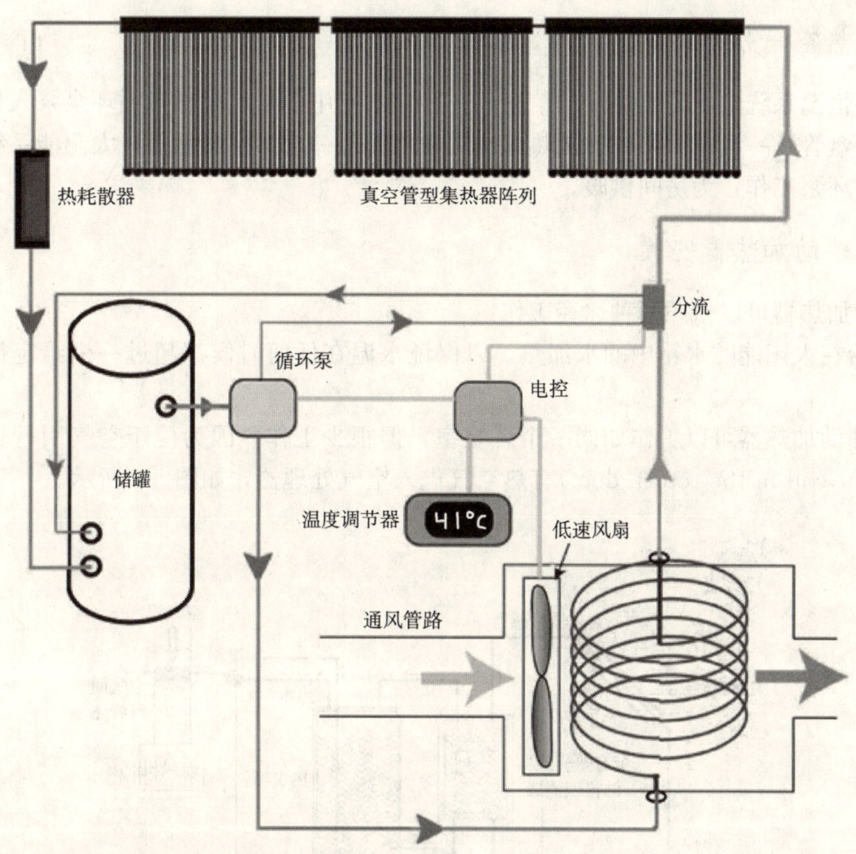

图 5-1　液体工质太阳热能空间供暖系统
(来源：SPP)

当然，这里采用供暖季被加热空间平均热负荷。但是，在供暖季中的最冷天，系统将给不出足够的热量供暖。因为：建筑物的热负荷取决于能量存储特征的范围内建筑物能具有的最大能量效益，太阳能系统相对而言较小。

5.2.2　备用加热系统

如同太阳能家用热水系统一样，液体工质太阳热能空间供暖系统也应当有备用辅助加热系统。

另外，将太阳能系统规格定为提供在最多要求情况下全部能量需求显然是很不实际的。这样一来，系统会变得太大、太昂贵，甚至于大多数时间显得太过浪费。

5.2.3　热存储系统

液体工质太阳热能空间供暖系统也需要热存储系统。这种热存储系统规格通常为每平方米集热器面积 73.4L 存储器体积，即：$73.4\text{L/m}^2 = 1.5\ \text{gallon/ft}^2$。

液体(最典型的是水)被太阳辐射加热并存储起来，然后送到房间供暖系统中的空气分配系统。

5.2.4 热空气分配系统

只要恒温系统给出需要热量的信息，在存储水箱中的热水就通过循环泵泵入位于空气管路口的盘管。一旦被太阳辐射加热的水之水温超过一个给定最低值，太阳能系统控制器将允许循环泵工作：为房间供暖。

5.2.5 辅助加热器安置

辅助加热器可以依照两种途径工作：

1. 给在太阳能贮水箱中的水加热，以保证水温在任何时候都超过一个给定最低运行温度；

2. 辅助加热器可以工作如同一个燃烧室，但很少工作；因为位于空气回行管路口的盘管(solar coil in the return duct)有热空气进入空气处理器，如图 5-2 所示。

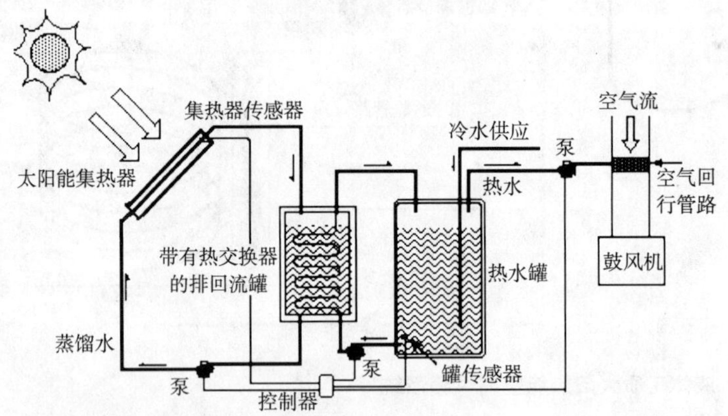

图 5-2 液体工质太阳热能空间供暖系统辅助加热器安置

(来源：Sustainable Sources)

5.3 带有散热器的加热循环系统

被太阳辐射加热的水和一台锅炉串联循环进入位于生活空间的辐射器。现代基板式散热器可以高效地运行在 60℃(约 140℉)。太阳能加热系统能够经常达到此温度。被太阳辐射加热的水作为锅炉水源可以大大降低锅炉的能量消耗，特别是在感知进入锅炉的水温已经超过要求的热量分配温度时，锅炉根本不需要再运行。

带预制中空水泥楼板(slab)散热器的加热循环系统(hydronic system with radiators)：太阳辐射加热的水借助分配管道进入房间的楼板。此种中空水泥楼板(slab)散热需要的温度通常不超过 27℃(约 80℉)。

图 5-3 所示简单描绘了这种带有散热器的加热循环系统。

系统还可以安置通常的燃气加热水系统以备用。

预制中空水泥楼板(slab)，在本丛书第二册《建筑无源制冷和低能耗制冷》第 8 章 8.5 节中有详细介绍。敬请读者参阅。

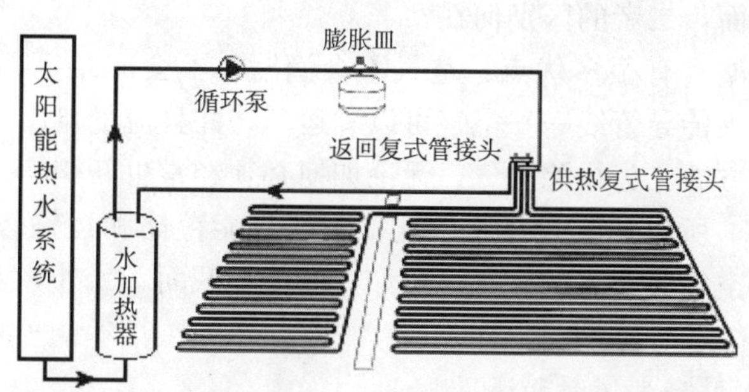

图 5-3　带有散热器的加热循环系统
(来源：hackleman)

5.4　空气工质太阳热能空间供暖系统

气暖，这个题目很普通。鉴于现代建筑带有通风系统和高度完善的热量保护措施，使得经加热的空气进入成为可行。空气可以在空气太阳能集热器中被太阳能直接加热。基于通常通风系统的太阳能空气供暖，对于很多建筑物而言是一个意义重大的节能技术，如图 5-4 所示。

图 5-4　在 Waltenhofen 通用中心，空气集热器被集成进前门厅，用来加热建筑物的进气
(来源：Grammer)

空气作为传热工质具有明显的优点和特殊应用的机遇。在太阳能空气系统的使用与日俱增的同时，对设计规划的要求也水涨船高：建筑物和设施技术必须彼此配合，满足应用的需求。

5.4.1　用太阳和空气供暖

5.4.1.1　水还是空气

水和空气这两种工质均可以用于给建筑物传热——从热源传导到需要热量的地方。然而，在利用太阳能方面，二者的区别何在？

空气作为传热工质具有很多优点：空气不会滴漏、不会冻结，而且取之不尽用之不竭。在有些场合更无须传导管线——空气可以“运动”并且流量自由。在建筑物中，空气还供人们呼吸，另一方面，为排除潮气，无论如何必须经常更新交换。和水比较，空气也有缺点：空气密度低，所以热容量小；因此，空气只能存储和运输较少的能量。这样一来，在要求供暖时，空气应有大的体积流量和大的传导截面。另外，空气加热需要更大的技术成本。

5.4.1.2 能量需求，结合部密封和通风

通过一贯坚持在建筑物围护外壳安排热量保护措施，建筑物的传输热损失能大大降低。然而，通风热量损失却因为建筑物对新鲜空气不间断的需求而不能任意地降低。

在工业建筑物中，空气常混有生产过程产生的有害物质，必须被排出。由于被消耗或承载负荷的室内空气必须以新鲜空气来持续更新，在废气中含有的热量则白白损失掉。因此，应采取措施实现热量回收。鉴于建筑(特别是新建筑)的热量保护做得愈来愈好，与空气交换相联系的热量损失变得越来越重要。这一趋势将一直持续下去。如今，人们评价建筑物时更看重将建筑物建得进一步密封。只有如此，才能降低通风热量损失，进而减少建筑物的能量需求。此外，由于建筑物密封减小了辐射不对称性并弱化了穿堂风效应，建筑物热力学舒适度得以提高。在密封好的建筑物中新鲜空气亦应不断输入。然而，基于卫生和能量角度来看，手动开窗通风是有问题的，因为这种空气交换很难控制度量。另外，开窗通风经常导致肮脏和噪声的后果。而在这方面通风系统显然具有优势。

5.4.1.3 能量需求相关性

究竟有多少通过空气集热器设施产生的太阳热能是可被利用的，取决于以下几点：

1. 现有全年运行中太阳辐射的供给——空气供暖系统最大可用太阳能所赢在过渡月份足够；

2. 此建筑物全年运行中的热量需求量(包括传输热量损失和通风热量损失)；

3. 与辐射式散热器供应的同时性以及一天当中的热量需求；

4. 通过窗户和前立面无源利用太阳能(有源太阳能所赢只用于较高地无源利用太阳能的时段、没有太阳热量所赢的传输或者能够存储起来的地区)。

5.4.1.4 温度水平和能量效率

相比较而言，用于室内供暖的空气集热器设施只能维持较低的温度。这是因为空气集热器本身必须被放置在具有高于被加热空间空气温度的地方。如新鲜空气预先加热了并被送进建筑物，即便空气集热器本身只接受很少的太阳辐射也可以极有效地工作。在太阳能空气集热器中，温度即便仅是很小的升高，也对房间供暖有用。

相对于通常的散热器：其大部分热量在散热器或地板热盘管循环里存储起来，温度至少要到 30～55℃(按照热量分配的种类不同)，太阳能空气集热器运行在低温度水平是一大优点。采用空气集热器对新鲜空气加热是太阳能应用中特别高效的一种。

5.4.1.5 太阳能集热器的能量效率

空气集热器的运行和通常以水为工质的液体集热器一样：在较低的集热器温度，也就是说，在集热器和周围环境温差小的情况下也可以达到能量高效。这是因为在高温时，集热器中很多能量流向周围环境而没有被利用。只有隔热非常好的集热器(如真空集热器)才

能在高温下达到能量高效。

当采用集热器供暖，太阳能集热器必须达到超越供暖再循环的温度。只有超越这一门槛，热量才能在供暖循环上传递。供暖再循环的温度越高，则一年当中太阳辐射强度足以运行的周期越短。

对太阳能集热器设施的流量要求亦是不可忽视的。太阳能集热器的调控还应当考虑到：产生越多的热量，对太阳产生热量所需的热交换(送风)流量亦要多。这样一个能量收支评估为太阳能集热器设施的流量要求提供了一个原始考量。

5.4.1.6 太阳能空气供暖的发展

第一个太阳能空气供暖系统已于1881年在美国建造并随后投放市场。第二次世界大战后不久，由于能源短缺的压力，美国太阳能技术的开拓者们为如今太阳能空气供暖系统奠定了基础。当时，很多房屋采用太阳能空气供暖，它们运行良好，部分至今仍在工作。

这些建筑和系统的迷人之处就在于简单；在于热量承载者——空气；还在于建筑和系统的紧密关联。太阳能空气供暖没有如供暖锅炉的组件，它可以附设在建筑物地下室。建筑物和太阳能空气供暖系统融为一体；基于很少的技术；甚至可以说，不需要任何传动。

如今，带有太阳能空气供暖系统的建筑仍部分地拥有创世纪时的魅力；并且变得能量更高效、花费也更合理。

5.4.2 太阳能空气系统

采用空气集热器设施利用太阳能的前提条件是有足够大而且合适定向的面积以安装这些集热器。至于相关重要元件，通常空气系统和太阳能空气系统之间并非区别很大。因此，大部分太阳能空气系统由通用元件组成。反过来说，太阳能空气系统的基础可适用于几乎所有常用通风、空调系统的改造和整顿。

一般来说，太阳能空气集热器可以装在建筑物的屋顶或前立面。但是，问题出在如何集成进现有房屋通风或空气分配设施里。这里，应在设计上花大工夫，作出妥协地安置。特殊情况是建造大厅或大体量的建筑物。太阳能空气系统在这方面有一个优点：集热器和空气分配系统可以简单地安置在建筑物旁或建筑物内。另外，当热量分配系统安装在建筑物内时，设施的热损失下降，传导热损失也会减少。这是因为采用空气供暖建筑物温度梯度将降低。

5.4.2.1 系统的变种

对建筑物而言，通用通风和空调系统是多种多样的。除了简单的排气系统这一个特殊情况，所有其他均适合作为太阳能空气系统的基础，见表5-1所列。

显然，不同形式的太阳能空气供暖是可以实现的。然而，最重要的变种当属进入空气的加热。这其中有新鲜空气和混合空气两种运作。它允许对通常的通风系统稍加改动得以实现。第二个变种是Hypokausten(暖地)。或Murokausten(暖墙)系统，分别用于房间地板或墙体供暖。这时候，热的空气在墙、地后面通风。这样一来，有时间错位的热量排出得以可能。这种特别值得推荐给具高度无源太阳热能所赢的建筑物。

通风系统——功能以及作为太阳能空气系统的能力 **表 5-1**

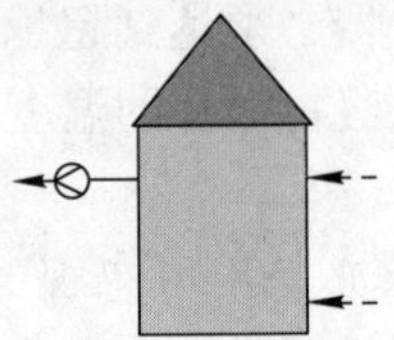

排气系统（通风和排风）

用一个风机吸进空气(大部分)并向外鼓风。进气流涌入通过缝隙不受控制或者通过进气阀受控向后流动。不适合太阳能空气供暖

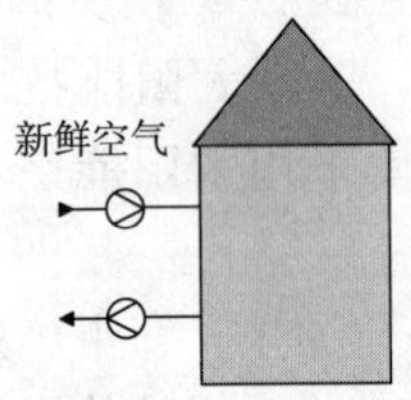

进气和排气系统(通风和排风)

与通风系统相比较，进气再加送风机，进气被吸入建筑物或被导入建筑物的某一区域。
选项：进气可以被加热，废气中所含热量可以被传给进气(热量回收所赢)；
当然，各按照不同规矩：或太阳能空气系统或热量回收所赢，其效率受到限制。
最适合太阳能空气供暖(新鲜空气运作)，但受限于功率

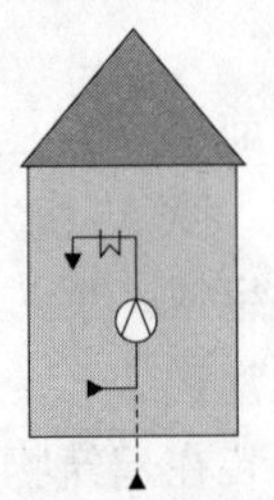

空气加热设施——换气系统(建筑物供暖、通风)

空气被风机吸入建筑物并经设施加热，然后再导入建筑物(换气)。
换气将部分地与新鲜空气混合。
废气将分散或集中抽出建筑物或者由于过压经由缝隙和不密封处流出。
很适合太阳能空气供暖，也可以用作新鲜空气加热

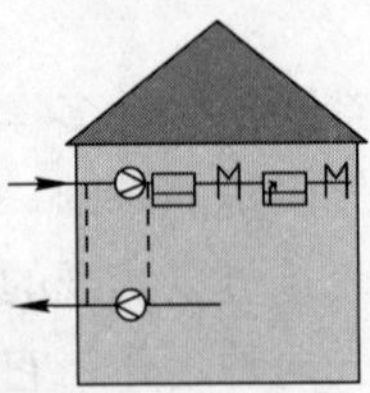

空调系统(通风和排风、供暖、制冷还有加湿和去湿)

进出气设施同上，附加元件以加热、制冷、加湿和去湿。热量回收所赢作为选项。
适合太阳能空气供暖(如同空气加热设施)

1. 太阳能新鲜空气加热

当仅有少量太阳辐射并且外面温度很低，可采用太阳能进行新鲜空气加热。这是因为当新鲜空气只被加热出一点点温度差，太阳能利用效率特别高，如图 5-5 所示。

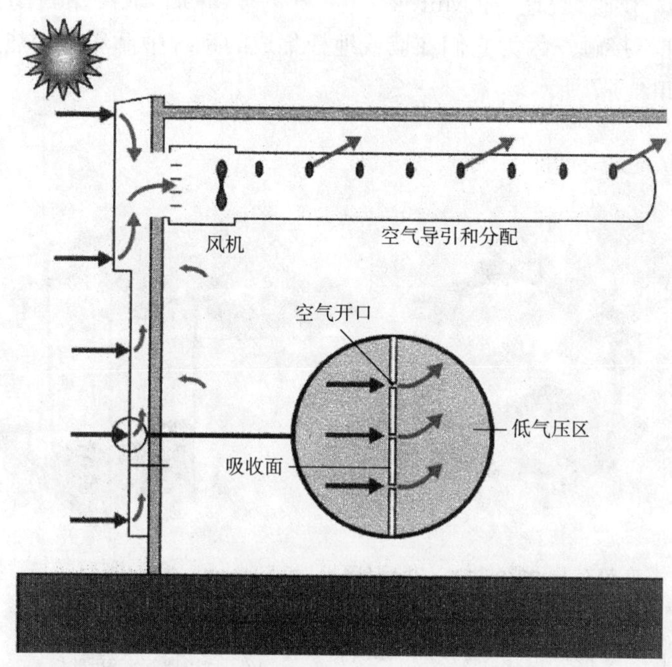

图 5-5　太阳能新鲜空气加热简图
(来源：SOLAR WALL)

在前立面安装的太阳能空气集热器或太阳能接收器可以简单地和新鲜空气吸入口相连接。空气或者永久地或者在需要时经一个阀门受控地导入集热器。对于集成在前立面内的集热器而言，传向其背后墙的附加传导热损失也可以用于进气加热。结构简单的空气集热器足以将新鲜空气加热。依这种方式，新鲜空气加热高效而且经济。其缺点在于：系统通过应用条件方面确定的新鲜空气速率限制了其加热功率。欲要求高加热功率，显然必须有高的空气交换率。在冬天，高的空气交换率会导致低的空气湿度；另外，在没有阳光照射的日子，能量需求陡然增加。在大的建筑物和厅堂，空气需附加换气运作来进行加热驱动。在这种情况下，即便空气交换并没有增加，设施也会扩大，功率将提高。这种附加空气换气加热比起只加热新鲜空气效率偏低。当然，从热能成本角度考量，还是合算的。

2. 太阳能换气加热

一个确定的建筑可以采取换气和新鲜空气混合方式来通风，可以将太阳能空气集热器安排在空气的循环之中，如图 5-6 所示。新鲜空气将和循环换气混合，同样导入空气集热器。这种方式只能用在很小温差时的加热；因之，太阳能空

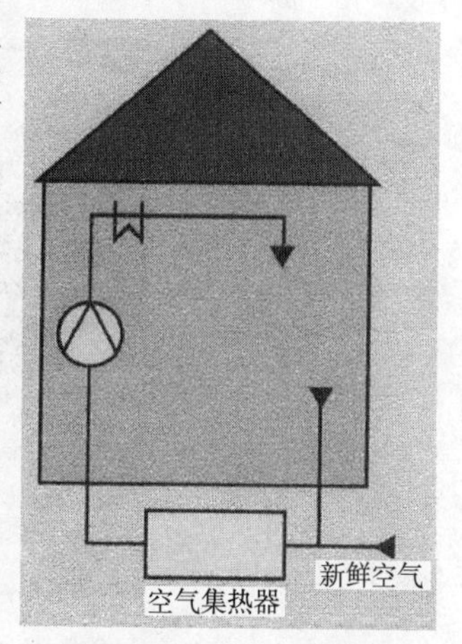

图 5-6　带有换气和集成集热器的空气供暖设施

气集热器可使太阳辐射变成有用的热能且颇为高效。

在有较高内部热负荷或带有热量回收的系统中，剩下的热量需求则很小。

3. Hypokausten－供暖(暖地)和 Murokausten－供暖(暖墙)

Hypokausten－供暖(暖地)和 Murokausten－供暖(暖墙)取决于封闭系统：被加热的空气和室内空气并不接触。因为它们在墙或地板集成的系统中循环。加热效果通过墙和地板散热来实现，如图 5-7 所示。

图 5-7 一座带有 Hypokausten－供暖(暖地)和 Murokausten－供暖(暖墙)以及太阳能空气集热器的房屋简图

系统之间可能有区别：引入的热量可以是纯无源，也就是说，只通过表面借助辐射和对流递交出来［Hypokausten－供暖(暖地)和 Murokausten－供暖(暖墙)］；有些系统还有附加调控和有源元件以满足加热需求。

基本上说，这里涉及其空间必须加以特殊通风的纯供暖系统。Hypokausten－供暖(暖地)(如图 5-8 所示)可以在通风系统上加以扩展来实现：空气首先经过墙或地板，被加热；然后通过开口进入房间。

图 5-8 Hypokausten－供暖(暖地)系统在施工中铺存储管路

Hypokausten一供暖(暖地)和 Murokausten一供暖(暖墙)系统可使室内具有高度舒适感。由于只是微弱地加热，房间里有很多细小空气流(对流)给室内很多热辐射。此种供暖的前提在于大的面积，以期借助较低的表面温度也能给房间足够的热量，如图 5-8 所示。在 Hypokausten一供暖(暖地)和 Murokausten一供暖(暖墙)系统，建筑物的体量起到如同存储器的作用。

4. “无技术”系统

Hypokausten一供暖(暖地)系统非常简单，虽然看不到什么技术，但是可使房间达到很高的舒适度。Hypokausten一供暖(暖地)系统可以在适合的结构下完全自主运行，不需另外任何驱动——当空气流经作为系统一部分的空气集热器，变热的空气就产生驱动。完全无须阀或调节器，热空气可以依自身力量开通一个由很薄的密封膜组成的活门，这样可以防止系统晚上依相反走向运行时使建筑物变冷。在瑞士，有几座这种设施已实现运行，但没有如上所述几个系统那样能量利用高效。

5.4.2.2 可提供的元件

通常空气系统可以扩展到与太阳能相关的元件，或者从另一方面说，太阳能空气系统大部分由通常元件组成。通常元件包括：进气阀、排气阀、单向截止阀、活门、闸板、通道、管、连接器件、热交换器、送风机等。

1. 集热器

空气集热器提供能量，是太阳能空气系统的核心元件。基本上，建筑物的其他元件或部分亦可作为集热器来用：前厅、温室、双层正立面、地热交换器，都可以产生能被利用的热气，但不如空气集热器那样高效。

市场可供给的空气集热器有在德国生产的 Grammer，Schueco 和 Solarwall，如图 5-9 所示。在欧洲，还有其他厂家很活跃：ABB(挪威)、Aidt Miljoe(丹麦)和 Silema(意大利)。除了 Solarwall 系统外，所有市场可供给的空气集热器均装有玻璃(透明盖板)。Solarwall 系统放弃装玻璃(透明盖板)是因为优先考虑加热新鲜空气。这种系统基于小的温差运行时效率非常高。

(*a*)

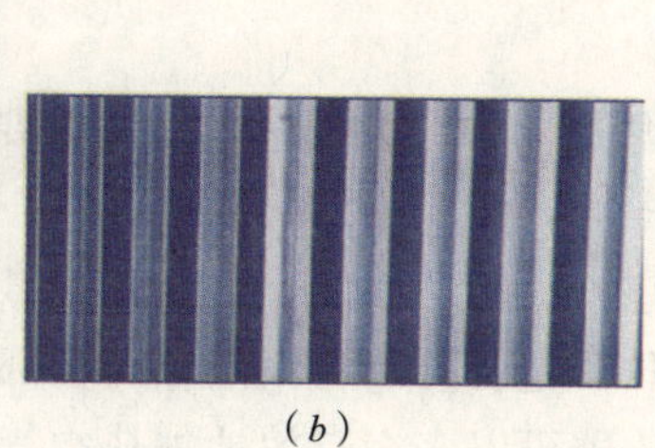

(*b*)

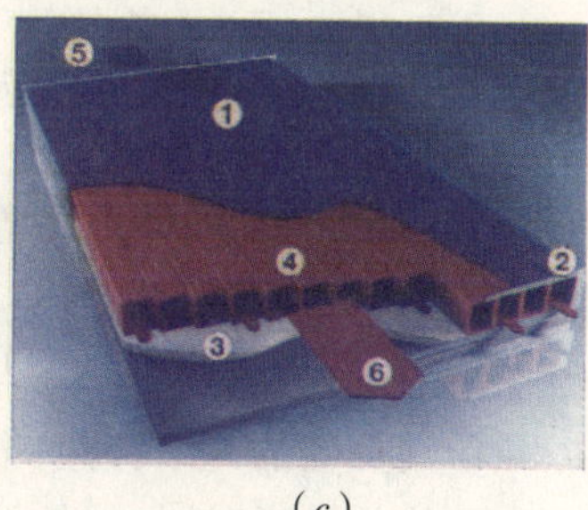

(*c*)

图 5-9 空气集热器举例说明

[来源：(*a*)Schueco KG；(*b*)Solarwall；(*c*)Grammer GmbH]

1一覆盖层(射入一保护玻璃层，低反射结构)；2一凸缘式框架；3一热保护材料(岩棉)；4一肋式吸收器(铝断面)；5一冷空气；6一热空气

为评价这些集热器，必须解决目前缺乏比较标准的问题。效率－特性曲线应予考虑，如图 5-10 所示。相比较太阳能热水系统(其集热器收益可按一个规范化方式给出)，目前太阳能空气集热器尚不能进行这样的收益比较。

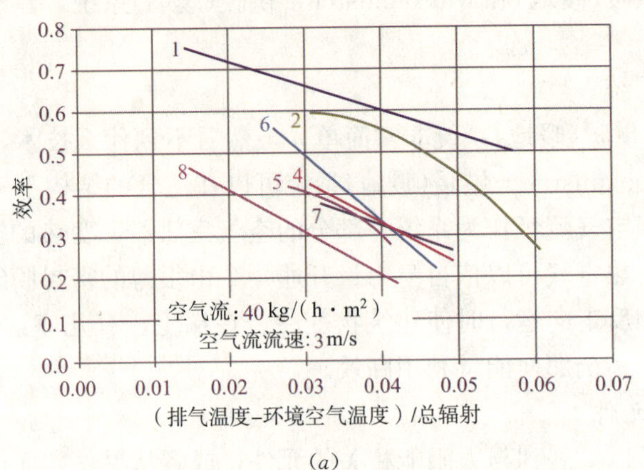

(*a*)

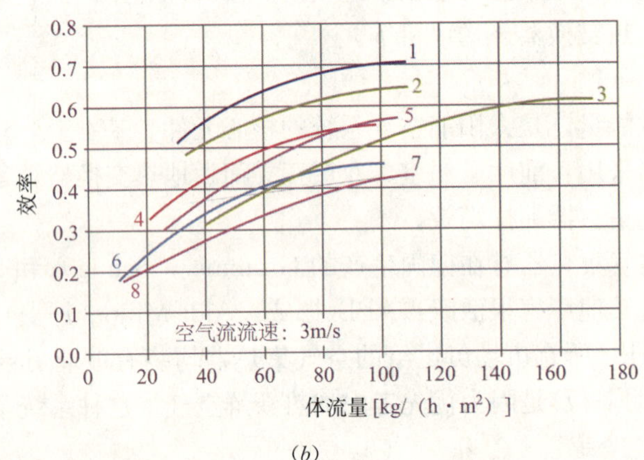

(*b*)

图 5-10　空气集热器效率—特性曲线

(*a*)与标准化集热器温度的相关性；(*b*)与体流量的依存度

(摘自 IEA 手册《太阳能空气系统》)

1－潜流，波纹，可选择；2－编织穿流接收器，黑色；3－打孔接收器，未装玻璃；4－潜流光滑接收器；5－粗糙接收器，双边对流；6－同 4，但是双边对流；7－自建，梯形片状潜流；8－光滑接收器，潜流

除了效率—特性曲线，在集热器中压力损失也扮演重要角色。压力损失在确定送风能量的需求时起决定作用。

本质上，集热器的效率与三个因素相关：

① 集热器的光学特性(集热器是否可以将太阳辐射全部吸收)；

② 热能传递(被加热的接收器可以多么有效地加热空气)；

③ 集热器的热损失(多少热能由于有限或缺乏热能保护措施损失于周围环境而未加以利用)。

近年来，有多种不同形式集热器结构。我们依照气流如何导入集热器来分类：

① 在接收器的上半部导入空气(目标片和接收器之间)；

② 在接收器的下半部导入空气(需要附加气流通道)；

③ 将上面提到的两种组合在一起(接收器上部空气流进而下半部空气流回)；

④ 接收器的穿透流，由多孔材料组成。

结构①只适合于加热新鲜空气，即适合于很小温度的提高。从生产的角度看，这是最经济的变种。如今，这种系统以多数为自建而著称。

在接收器的下半部导入空气(结构②)将进一步获得应用。

结构④多孔接收器具有良好的热传导特性。缺点在于目标片和接收器之间必须导入空气。新的工作致力于将这些效果最佳化——只需吸入少量空气(临界层吸收)并且进一步阻止目标片处的气流。

2. 存储元件

太阳能空气系统存储元件有：岩石存储器(石床)，Hypokausten－供暖(暖地)和 Murokausten－供暖(暖墙)系统，当然，还有大的壁炉、烟囱、通道、喇叭形墙。由无源太阳能应用的典型元件和通风技术元件的组合不但可能而且很有意义。这里，重要的是确定建筑物方案既具有恰当的空间造型也考虑到外面气候，建筑物和通风系统之间的相互作用关系。

存储元件在构建 Hypokausten－供暖(暖地)和 Murokausten－供暖(暖墙)系统时有多方面应用。通常可采用在水泥预制时的管形存储元件或孔洞元件，如图 5-11 和图 5-12 的几个例子所示。

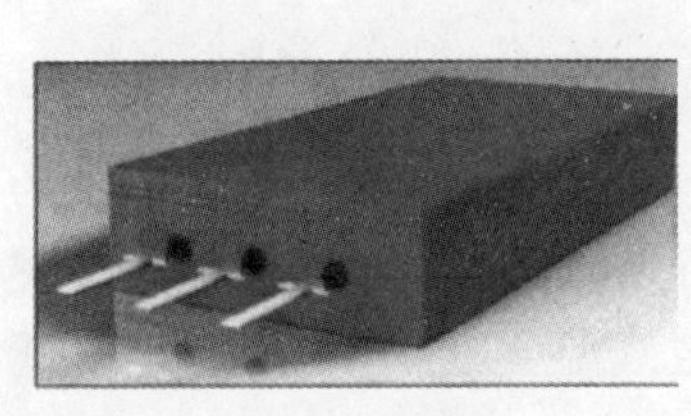

(*a*)

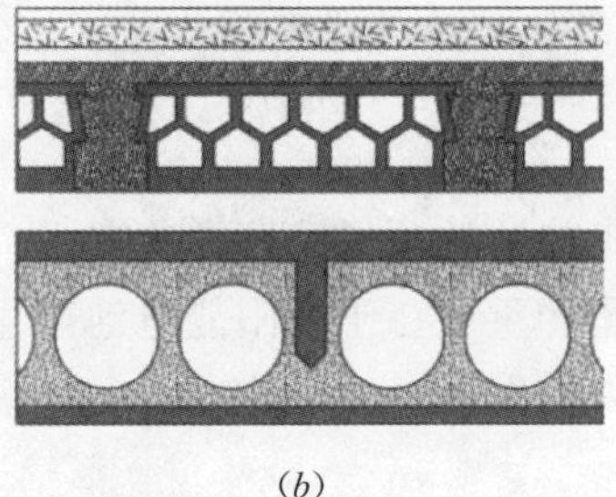

(*b*)

(*c*)

图 5-11 Hypokausten－供暖(暖地)元件简图

(*a*)预制盖板；(*b*)空洞地板；(*c*)管形存储元件

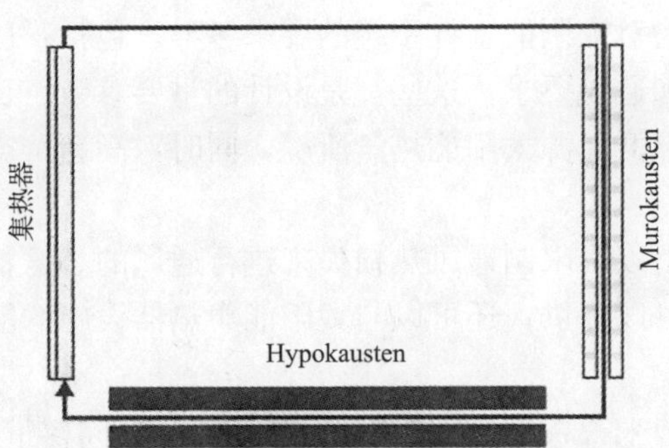

图 5-12 Hypokausten－供暖(暖地)和 Murokausten－供暖(暖墙)作为一个太阳能空气供暖系统中的加热和存储元件

应用孔洞体如预制盖板、空洞地板时，必须考虑如下几个方面并在建筑中予以解决：

① 空气通过承重元件；

② 均匀通过气流；

③ 小流量损失。

3. 组合元件

光伏太阳能模板只能将很少的太阳光辐射转换成电流(平均约 10%)。射入的太阳辐射余下的部分都变成热。这样一来将导致太阳能模块发热并造成电能产生的减少。这又提供了使用空气冷却模块的可能，并且以这种方式被加热的空气作为通风设施的入注而利用这份能量。图 5-13 所示为可能的这种结构。

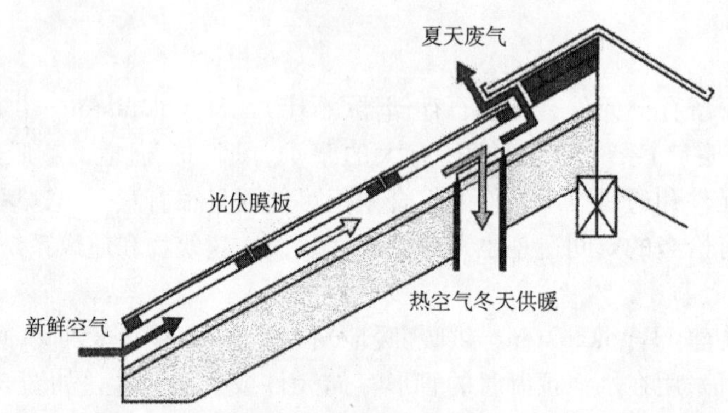

图 5-13　后通风的光伏设施太阳能模板(PV)－屋顶
被加热的空气冬天导入建筑物供暖
(来源：摘自 IEA 手册《太阳能空气系统》)

几个基于太阳能模板空气集热器的项目已经准备实施。这里用到由不同生产商提供的光伏设施太阳能模板。这些项目的重点在于太阳能电池产生的热量作为可应用的副产品；同时，这也部分地提供具吸引力的促进条件。这样一个以低空气温度运行的系统不会降低太阳能电源的效率。

5.4.2.3　投入领域

供暖、通风和热水系统要仔细地设计。设计应按现场情况、建筑物初步设计和规划的应用来考量。这一原则对于太阳能空气系统同样适用。这里，应用的要求起到特别的作用。现在，不同的建筑物对太阳能空气系统的要求各异。包括：应用时间、内部负荷、无源太阳热能获得、供暖和通风要求，这些都是设计的重要参数。良好的太阳能空气系统前提条件是一座建筑物内部低无源太阳能热量所赢，同时，高新鲜空气要求。

1. 住宅

住宅建筑是基于卫生以及限制通风热损失来进行通风的。这特别适合低能耗房屋。住宅通风系统有很多变种可以提供，还可以与太阳能集热器设施的能量所赢组合，进一步节省能量。

对于太阳能通风系统来说，进气和排气系统是合适的(同样带热量回收)还有纯进气设施和 Hypokausten—供暖(暖地)系统。

只有部分时间被使用的建筑物(如度假屋)，也可以使用太阳能空气系统。这时候，建筑将保持没有结霜并通过太阳能加热的空气通风。同时，使用太阳能空气系统还可避免建筑物通常会产生的高湿度。

2. 办公和管理用建筑

办公和管理用建筑最适合使用太阳能加热新鲜空气。现代管理用建筑中通常带有内部的或无源太阳能热量摄取。在大多数情况下，用一个太阳能热量中间存储，从能量的角度看是正面的。如用一个 Hypokausten一供暖(暖地)系统，它也可制冷。对于低内部热量所赢情况，通风——也就是说空气供暖系统如同在住宅中一样也可以适用。应用条件是在办公室建筑中更需高空气交换率，因之，需更多太阳能热量(高太阳能覆盖率)。

3. 工业建筑

存储、安装或生产用的工业厂房大厅，因为其楼层高，常采用简单空气加热系统。其通风度大多较高，而舒适度要求并不高。工业厂房大厅也很适合使用太阳能空气系统。适合的太阳能通风系统是进气系统、空气加热设施/换气系统。

4. 功能建筑

游泳池、体育馆和试验室建筑通常都要求高通风度。因此，很适合使用太阳能空气系统。与工业建筑相区别的是，功能建筑的舒适度要求高。这和太阳能应用基本上不抵触。适合的太阳能通风系统是进气系统、进气和排气系统、空气加热设施/换气系统。

5. 投入领域小结(见表 5-2 所列)

不同建筑类型采用太阳能空气系统的适宜能力 **表 5-2**

	住宅楼	办公楼	工业建筑	功能建筑
空气要求	低－中	中－高	大部分高	大部分高
内部＋无源太阳能热量摄取	低－中	中－高	低－高	大部分低
舒适度要求	中－高	高	低	低－高
与通风系统连接	少，渐增	广泛	经常	经常
太阳能通风功能	中－高	被节制	高	大部分高

5.4.3 太阳能空气系统的设计

太阳能空气系统的设计，本质上讲，有和设计一般太阳能系统相同的要求。下面我们只提及太阳能空气系统设计的特殊点。

太阳能空气系统的重要参数是太阳能覆盖率(SF)。这一参数意味着对于供暖、通风、热水制备所有这些全年的热量需求有多少百分比可以通过太阳能提供。太阳能覆盖率超过50%，则太阳能空气供暖只有通过高花费才能达到，也就是说通过巨大的空气集热器面积和热能存储，当然建筑物应有好的热能保护。集生态和能量方面因素的综合考量，太阳能覆盖率的最佳值对于大多数系统而言介于 15%～30%。因为，尽管大尺寸设备可能有高太阳能覆盖率，但是却降低了与受益面积及花费相关的效率。小尺寸设备运行结果则相反。图 5-14 表明花费并不一定和覆盖区域呈线性关系：对于小尺寸设备，固定的花费包括控制、一次性安装等，永久性附加费用特别地和制定节省花费相关。

5.4.3.1 建筑物和系统的集成

1. 通风系统

这一集成形成的可能性在很大程度上取决于多早在设计中考虑太阳能空气系统的作用。一般说来，通风系统比起通常带有散热器的供暖设施，有占更高位置的要求。这一点，应尽早在设计阶段予以考虑。考虑迟了花费必然提高。

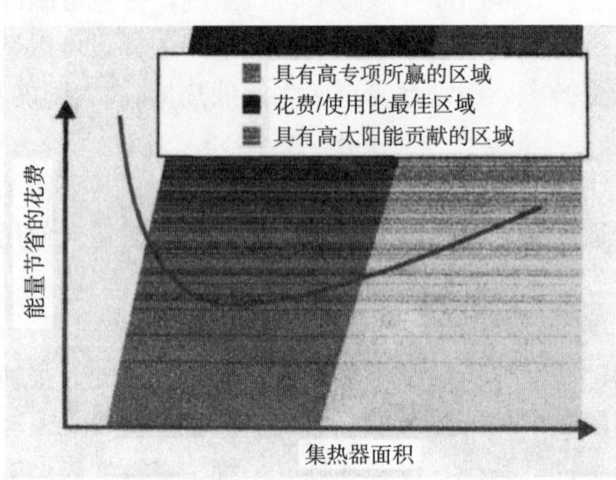

图 5-14 太阳能空气系统花费示意图
(来源：IEA)

2. 空气集热器

空气集热器大多数装在屋顶，也可以利用前立面。一年当中，集热器得到的最大阳光辐射是在朝南座向并且和水平线呈 40°夹角的情况下(德国)。依照太阳能空气系统、建筑物类型和消耗热量统计，上述定位仍有必要作适当调整。比如说，热量需求的高峰是傍晚，移动集热器从上述理想定位朝西偏，再与水平线夹角更大一点。从集热器理想定位依具体情况调整±10°应完全没有问题。

3. 连接管道

连接管道连接太阳能空气系统和通风系统。为此，应留有足够位置。另外，要注意尽量减少压头损失。

4. 通风设备

应准备足够位置给通风设施。在集热器附近布置安装更有利。

5. 调控

一般来说，将朝南和朝北区域的供暖系统分开调控比较合理。因为这样一来可以考虑不同的热量要求。

5.4.3.2 设计工具

对于一个简单的进气和空气加热系统，简单的热量收支计划已经足够。有很多这样的软件和工具可供使用。其中涉及元件生产商提供的数据、参数；用其软件即可得到(比如 LUFTIKUS)。这些辅助材料由生产商根据他们丰富的项目经验开发。

在设计太阳能空气系统时，应特别注意建筑物与无源太阳能摄入以及热能存储之间的相互关系。根据外界条件(不同太阳光辐射和不同外界温度)变换，恰当的系统配置并不是一件简单的事。对于大型和复杂的建筑物，应进行详细的模拟计算。这时候，仅通过简单的工具不可能准确得知内部和无源太阳能收益。这将导致建筑物热力学动态过程不能建立。

5.4.3.3 设计步骤和提示

详尽叙述见表 5-3 所列。

设计步骤和提示 表 5-3

热量需求：查明传导热损失，通风系统热量需求和内部及无源太阳能热量收益
集成：考核安装/改建一个太阳能空气系统的可能性；附以建筑体动态热力学性能；考虑基本平面设计草图和热力学分区
有源太阳能面积：确定合适的安装集热器面积；附以最可能与集热器相关的面积并确认；注意周围建筑和树木阴影效应以及自身阴影影响
最佳化：按照图 5-14 使花费－使用最佳化：相对于大尺寸设施，小尺寸设施趋向高效但单位热效益花费高——太阳能覆盖系数的最佳值介于 15%～30%
分区：将朝南和朝北区域的供暖系统分开调控颇具优点。因为这样一来可以将南区多余的热量给北区用
注意：窗户、温室和前廊等作为太阳能热量摄入，应尽可能准确算出并且可能的话存储起来［如 Hypokausten－供暖(暖地)系统］，使这些热能尽可能地被有效地利用
进一步提示：进一步提示在设计手册 IEA 任务书 19：pp12，<完备信息>

5.4.4 太阳能空气系统应用举例

5.4.4.1 Lilly 实验室(汉堡)

Lilly 实验室如图 5-15 所示。

Lilly 实验室（汉堡）

建成：	2002 年，新建
建筑设计：	PSP 汉堡
太阳能空气系统：	新鲜空气加热；余下热量供热水制备
太阳能集热器：	Grammer 太阳能集热器前立面
集热器面积：	224m²
空气量：	10000m³/h
最大功率：	150kW
最大温度升高：	44K
综合特征：	太阳能集热器代替前立面

图 5-15 Lilly 实验室
(来源：IEA)

5.4.4.2　幼儿园(Trabitz)

幼儿园(Trabitz)如图 5-16 所示。

幼儿园(Trabitz)

建成：	2002 年，一侧房改建
建筑设计：	无
太阳能空气系统：	集热器－Hypokausten－供暖(暖地) 系统
太阳能集热器：	Grammer
集热器面积：	$10m^2$
空气量：	$300m^3/h$
预估单位集热器面积节省：	$280kW \cdot h/m^2$
标称功率：	7kW
Murokausten(暖墙)：	$22m^2$，石灰石砂砖 7T

图 5-16　幼儿园

(来源：IEA)

5.4.4.3　金属建筑(Eisenach)

金属建筑如图 5-17 所示。

金属建筑(Eisenach)

建成：	1997 年
建筑设计：	Tillmanns，Stuttgart
太阳能空气系统：	为气候园新鲜空气加热；办公室余下热流供生产区
太阳能集热器：	Solarwall
集热器面积：	$200m^2$

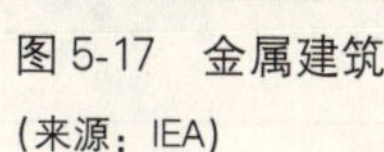

图 5-17　金属建筑

(来源：IEA)

5.4.4.4　生物屋(Bozen)

生物屋(Bozen)如图 5-18 所示。

生物屋(Bozen)

建成：	1999 年
建筑设计：	Sasso，Si Collalto，Andriolo
太阳能空气系统：	新鲜空气加热
太阳能集热器：	Grammer，集成入窗户设施
集热器面积：	9 个单元共 $33m^2$
空气量：	每单元最大 $250m^3/h$
驱动：	光伏电池模板供直流电给送风机，每单元 50W 峰值

图 5-18　生物屋

(来源：IEA)

5.4.4.5 社区中心(Waltenhofen)

社区中心(Waltenhofen)如图 5-19 所示。

社区中心(Waltenhofen)

建成:	2000 年
建筑设计:	Lichtblau, Muenchen
太阳能空气系统:	换气加热
太阳能集热器:	Grammer,半透明集热器(3%孔洞)
集热器面积:	20.8m²
空气量:	400m³/h
预估单位集热器面积节省:	250kW·h/m²
标称功率:	14kW
进一步信息:	www.energie-projekte.de

图 5-19 社区中心

(来源:IEA)

5.4.4.6 城市洗衣店(莱比锡)

城市洗衣店(莱比锡)如图 5-20 所示。

城市洗衣店(莱比锡)

建成:	2001 年
建筑设计:	Schulz, Schulz, Sebralla; Leipzig
太阳能空气系统:	混合系统,后通风光伏设施,新鲜空气加热
太阳能集热器:	光伏模板
集热器面积:	120m²
空气量:	3500m³/h
标称功率:	56kW 热;9kW 电

图 5-20　城市洗衣店
(来源：IEA)

5.4.5　总结

采用太阳能空气系统可以节省能量并提高室内舒适度。这一技术既可以用于新建筑也能适用于老建筑；当建筑物必需或已有通风设施且有高新鲜空气要求时更是这样。在建筑物前立面集成集热器元件已供使用。因此，使得建筑学上难以实现的问题得以解决。只有精心设计和确定元件，才能使任一种建筑类型得以充分利用太阳能并使太阳能空气系统花费经济，运转有效。

太阳能空气系统总是与传统热能提供或通风、空调系统共同运行。这初看起来是个缺点，因为加上太阳能空气系统费用及设计费用显然变得更加昂贵。然而比较而言，这种技术多方面组合及应用的可能性也是给建筑以及很多改造项目一个机会。如果建筑物的一般通风、空调系统有高度新鲜空气要求，通常简单地扩大太阳能元件进而提高太阳热能的摄入便能使能量节省、高效。不同的示范项目表明，用太阳能空气系统预热空气可以达到很好的投资/应用效果比。

太阳能空气系统和热能回收系统形成竞争。基本上说，让二者结合会缩小可用太阳能之收益。

对于设计工作，尽早考虑太阳能空气系统的介入是十分重要的。当建筑物具有高的内部热量回收或很好的太阳能热量摄入或者有很高舒适度要求，比如集成一个 Hypokausten—供暖(暖地)系统，则需要动态设施模拟。为了对方案进行评估和比较不同系统适合的工具已可提供。

5.5　太阳能多孔集热墙系统

在有源太阳能空间供暖系统中，一个最新的进展——太阳能多孔集热墙系统(solar perforated cladding system)：采用风机抽进、循环，并且排出空气。

图 5-21 展示了这种太阳能多孔集热墙以及其典型系统安装。

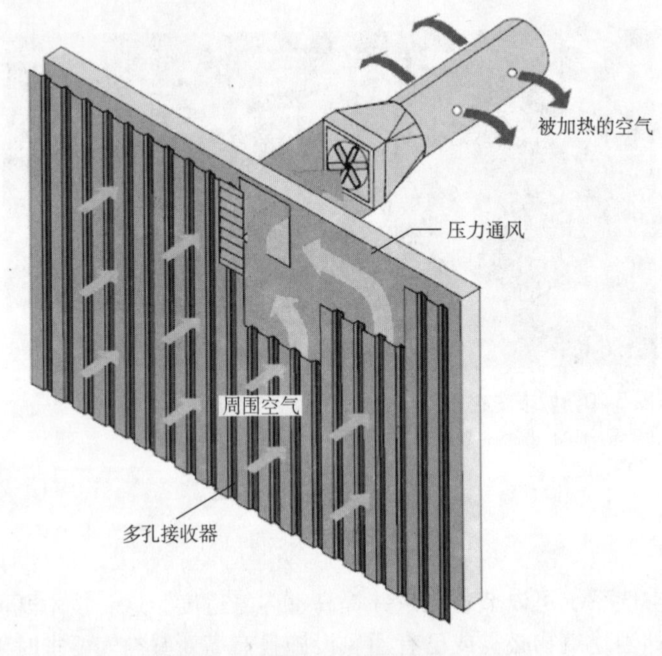

(a)

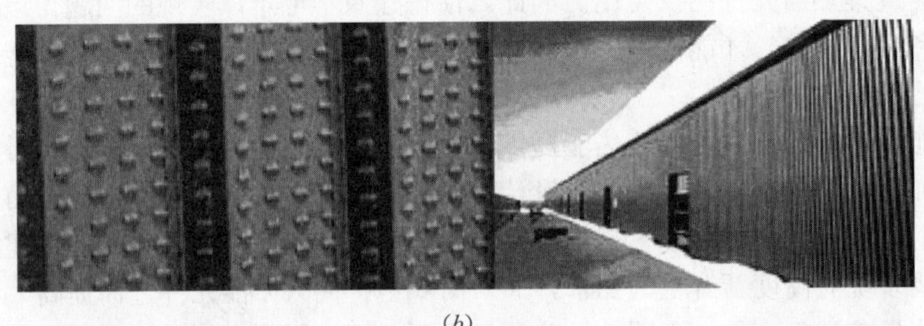

(b)

图 5-21 太阳能多孔集热墙以及典型系统安装
(来源：Conserval Engineering Inc.)

太阳能多孔集热墙系统是一裸金属平板集热器，用风机从在未覆盖玻璃盖板的深色金属平板上的千百个小孔抽进空气。深色金属平板作为太阳能接收器，替代在墙上侧面开孔。当此接收器直接暴露于太阳光之下，它会将热量传给空气，然后由空气把热量再带入房间。

与上述原理相似，有透明盖板的多孔集热系统内有金属框架(内有黑色金属管)，外罩透明有机玻璃；直接暴露于太阳光之下时吸收热量，如图 5-22 所示。此时，风机抽新鲜空气进入已被加热的金属管，再进入通风系统或者直接进入建筑物。

图 5-22 外罩玻璃的太阳能多孔集热模板
(来源：Cansolair)

在冬天，太阳低垂，外罩玻璃的太阳能多孔集热模板比夏天接受到更多太阳光照射，如图 5-23 所示。这样一来，多孔集热模板夏天保持升高温度于最低值。此有源系统还可以在夏日设旁路(bypass)

以切断热空气流。

多孔集热墙还可以建成被加热的空气白天直接进入建筑物或者存储于热质量块（砖石或水）的不同模式。

5.6 其他与太阳热能空间供暖相关的系统

5.6.1 无源太阳墙

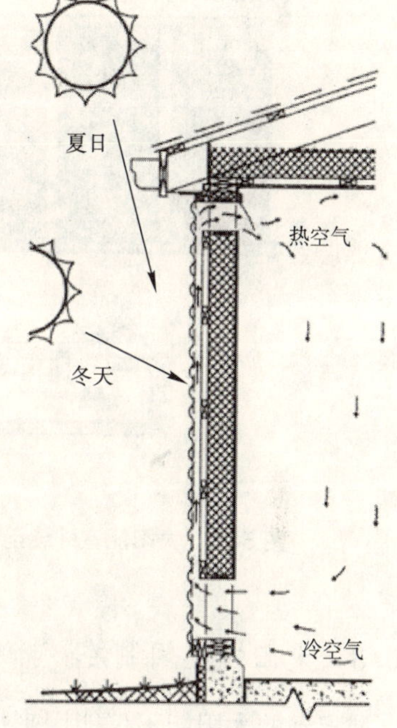

图 5-23 无源太阳墙

（来源：Canadian Plan Service）

图 5-23 所示为多孔集热墙的无源运行。这种无源多孔集热墙在加拿大被称为无源太阳墙（passive sol air wall）。

无源太阳墙既不需要风扇也无需控制，可以全年昼夜工作。从晚秋经冬季至初春：只要阳光明媚（甚至白天不见太阳），无源太阳墙便可以收集热量。夜间时分，有一个检查阀可以防止室内热空气倒流回集热器。太阳墙完全自调节：启动和停止都无人看管，如图 5-23 所示。

透明且耐久性好的波纹聚氯乙烯（Corrugated polyvinyl chloride，corrugated PVC）是最适合作太阳墙透明盖板的材料；这种材料能适应气候变化，不需维护。玻璃纤维增强聚酯波纹板（Corrugated sheets of glass reinforced plastic，corrugated FPR）要求每 3～5 年更新，并应用聚氟乙烯（PVF）镀膜（Tedlar coating），防止聚丙乙烯（FPR）片因紫外线照射老化。

5.6.2 太阳能室外泳池系统

太阳能室外泳池系统能满足100%的泳池加热需求，甚至能超越游泳期几个星期。

典型的太阳能室外泳池系统工作：将池水用泵抽出，经池系统(过滤器、泵等)，进入集热器加热再返回泳池。

太阳能室外泳池系统所占尺寸为泳池表面尺寸的一半，且容易与现存泳池设施连接。

图 5-24 所示简单描绘了这种太阳能室外泳池系统(Solar Pool System)。

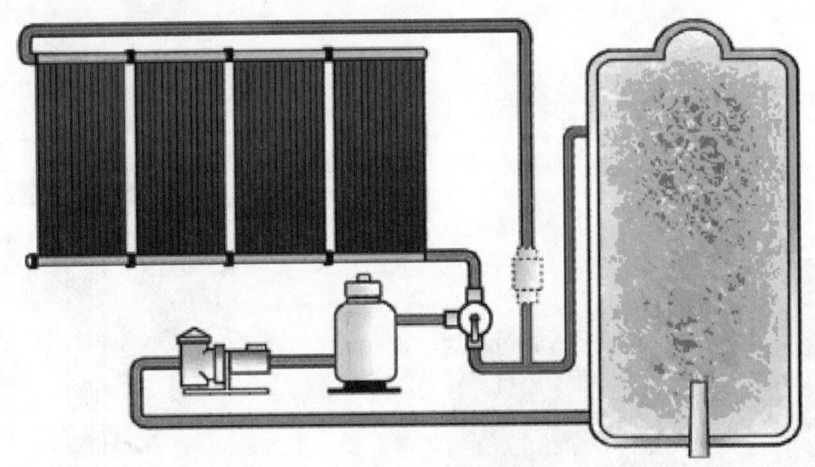

图 5-24 太阳能室外泳池系统(Solar Pool System)

5.6.3 太阳能空间制冷

捕捉到的太阳能不仅能用来加热，它也可以用来制冷。太阳能空间制冷是将一套太阳能热水制备系统与一个吸收制冷器或者一个吸附制冷器组合工作。

5.6.3.1 太阳能吸收制冷

在吸收制冷器中，热量用来在一定压力下从吸收剂和制冷剂的混合物中蒸发制冷剂。两组最常用的制冷剂和吸收剂的混合物是：水/锂(water/lithium)；氨/水(ammonia/water)。蒸发了的制冷剂再凝结提供热效应。太阳能吸收制冷系统用从太阳能集热器得到的热水作为制冷剂蒸发的热源。

5.6.3.2 太阳能吸附制冷

太阳能制冷还可以通过为太阳能热水系统匹配一个吸附制冷器来达到目的。吸附制冷器中水作为制冷剂、硅珠(silica gel)作为吸收剂。借助内装硅珠吸附室(两个吸附室之一)的吸收，制冷剂(水)蒸发使蒸发室制冷。对于一个太阳能吸附制冷系统，从太阳能集热器得到的热水作为硅珠在第二个吸附室内再生的热源。此时，借助热水，水蒸气从硅珠里释出；然后，在被冷水制冷的凝结室内凝结。

关于太阳能吸附制冷以及太阳能吸收制冷的详细介绍，读者可分别参阅本丛书第二册《建筑无源制冷和低能耗制冷》第 5 章 5.5 节以及第 10 章 10.2 节和 10.3 节。

5.6.4 太阳能透明隔热墙体空间供暖

图 5-25 所示为透明隔热墙体的简单工作原理。在本丛书第二册《建筑无源制冷和低能耗制冷》第 10 章 10.6 节中有详细介绍。敬请读者参阅。

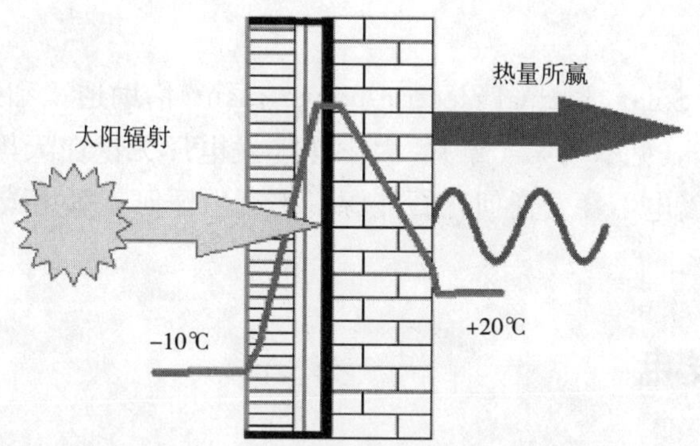

图 5-25 透明隔热墙体的简单工作原理
（来源：TU Darmstadt）

6 太阳热能发电

太阳热能发电厂(Solar thermal electric power plant)借助透镜和反射器聚集太阳能产热。因为热能可以存储(见本书第4章)，太阳热能发电厂无论白天黑夜，不管日晒雨淋，都能发电。太阳热能发电不耗费任何化石能源，不产生任何二氧化碳——普天之下，无可匹敌。

6.1 太阳热能发电

6.1.1 从太阳来的电

人们知晓太阳热能可以发电这件事已经有一个多世纪了；但是，大规模商业运作和开发才仅仅二十多年。20世纪80年代中期，美国加利福尼亚(California)州Mojave建立了30～80MW抛物面槽(Parabolic-Trough)太阳热能发电厂，令人信服地显示了大规模太阳热能发电在技术上和经济上的优势。和沿海多风地带适于发展风能发电一样，在地球阳光带(sun belt)大规模开展太阳热能发电大有可为。如图6-1所示，可再生能源利用的分布证实了这一点。

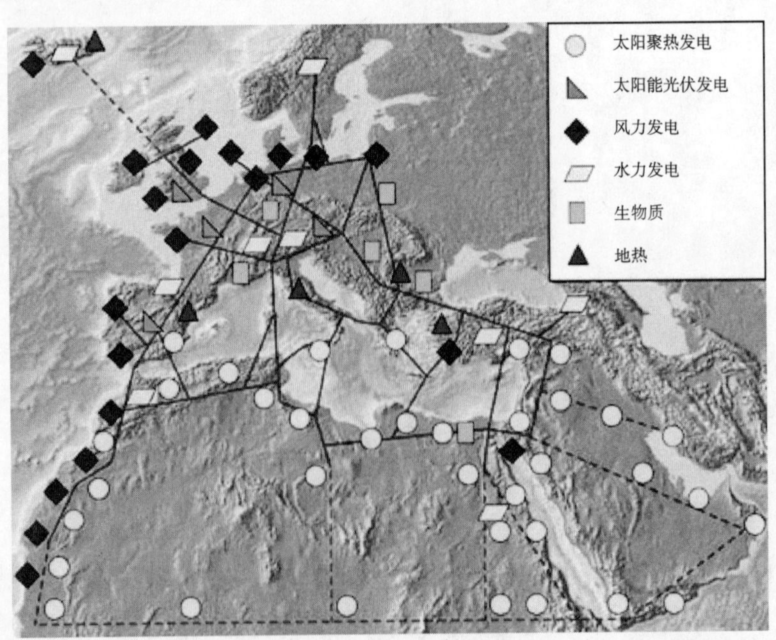

图6-1 欧洲－北非－西亚地区可再生能源应用种类及分布
(来源：TREC)

太阳热能发电所利用的仅仅是直接太阳光，称为“光束辐射(beam radiation)”或者“法向直接辐射(Direct Normal Irradiance，DNI)”，指的是太阳光中未受大气云层、烟雾或灰尘引起偏离，依平行光束抵达地球表面以备聚集的那一部分。显而易见，大规模开展太阳热能发电应选择高值直接太阳光辐射的地区。建厂选址应当选择至少具备 2000kW·h/(m^2·a)条件的区域，即每平方米每年收到 2000kW·h 直接太阳光辐射。能有大于 2800kW·h/(m^2·a)的条件最好。典型的地点应没有由于气候和植被引发的大气潮湿、灰尘及烟雾：包括干旷草原(steppes)、灌木(bush)、无树平原(sevannas)半沙漠和纯沙漠。理想的地点是在南北纬 40°之间：美国西南地区、中南美地区、非洲北部和南部、欧洲地中海沿岸国家、中东、伊朗以及印度、巴基斯坦、前苏联、中国和澳大利亚的沙漠平原。在世界范围内很多地区，如采用太阳热能发电技术，1km^2 土地就足以每年产生 100～130GW·h 电力。这相当于一座中等规模燃煤或者天然气发电厂。一个太阳热能发电系统全生命周期的产出等于 500 多万桶石油所包含的全部能量。

然而，鉴于当地的需求以及技术和财政状况，很多这样有潜能的地区只是被非常有限度地利用。如果太阳能发电可以出口到有较多供电需求而其本土又不具备太阳热能发电资源的地区，“阳光带”地区可以收获对保护世界气候的贡献，如图 6-2 所示。一些国家，比如德国，正认真考虑从北非和南欧进口太阳能电力，作为其电力供应长期可持续发展的途径之一。当然，应优先考虑的是合法的本土应用。

图 6-2 “阳光带”地区太阳热能电厂
(来源：solar dev)

6.1.2 将太阳热转换成电

将太阳辐射的能量转换成电是一个很直接的过程：直接太阳光辐射，借助一系列聚光太阳能(Concentrating Solar Power，CSP)技术，提供中温和高温热。然后，这热量可以用于运行通常的发电循环：比如说，通过一个蒸汽透平机或者一个斯特林引擎。在白天收集的太阳热量还可以在液体或固体工质中储存起来：例如，融盐、陶瓷、混凝土，或者在最近的将来存于相变盐混合物。到晚上，热量可以从存储工质中取出继续供应蒸汽透平机的运行。

在发达国家，“阳光带”地区太阳热能电厂设计是基于夏日中午的峰值负荷，此时也正是制冷需求最大之时，比如在西班牙和美国加利福尼亚州。热能存储可以扩展太阳热能电厂运行时间，满足基础运行时间要求。举例来说：西班牙一座 50MW 太阳热能电厂设计具有 6～12h 热存储，增加年可运行时间 1000～2500h。

在技术市场开拓初期，包括一套备用化石能源点火设施的混合式(hybrid)系统更受青睐。还有一种集成太阳组合发电运行周期(Integrated Solar-Combined Cycle，ISCC)模式可确保太阳能发电厂高太阳能投入达 85%。组合发电尚可以跻身于工业用途，地区制冷或者海盐提纯。如今，CSP 技术［包括：抛物面槽(Parabolic-Trough)，太阳能发电塔(solar power tower)，抛物面碟(Parabolic-dish)太阳热能发电］已经商业运行得相当成功。如美国加州(California)Mojave(装机容量 354MW)抛物面槽(Parabolic-Trough)太阳热能发电厂成功运行已经多年，如图 6-3 所示。

图 6-3 美国加州 Mojave 抛物面槽太阳热能发电厂
(来源：Solar Millennium AG)

6.2 太阳热能发电技术

6.2.1 太阳热能发电技术综述

太阳热能发电厂［太阳热能发电常被称为聚光太阳能(Concentrating Solar Power，CSP)发电技术］越来越如同一座普通发电站。区别仅在于获得能量输入是从聚集和收敛太阳辐射，然后变成高温蒸汽或气体去驱动透平机或者发动机引擎，如图 6-4 所示。

一座太阳热能发电厂包括四个主要组成部分：

1. 聚光器；
2. 接收器；
3. 传热工质或者存储工质；
4. 功率转换。

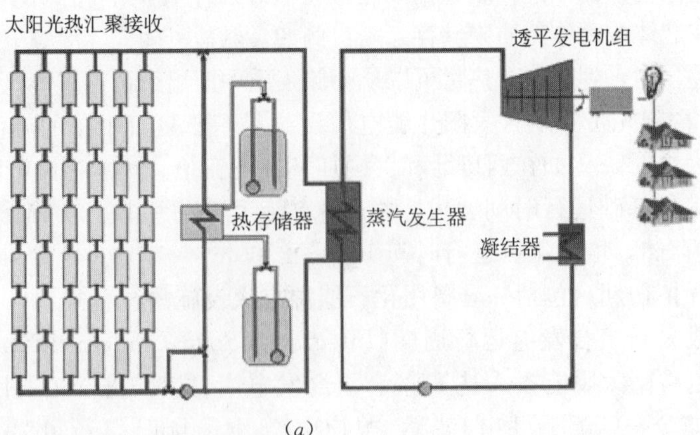

(a)

图 6-4 太阳能发电厂（一）

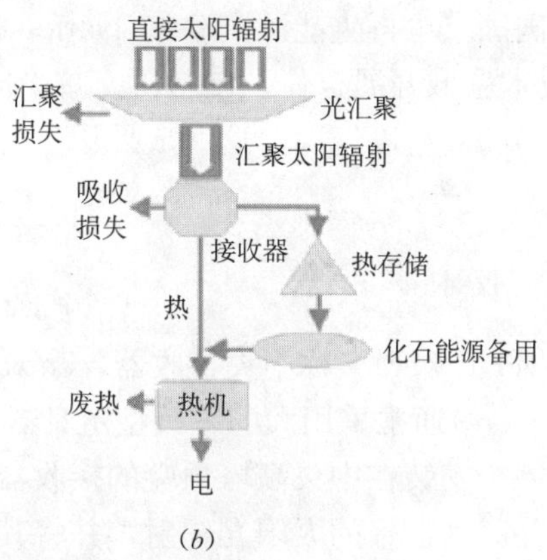

(b)

图 6-4 太阳能发电厂（二）
（来源：GOSWAMI）
（a）组成部分；（b）运行流程

太阳能发电厂不管进一步如何发展以及与任何可再生或者不可再生技术相结合，总归可以分为如下三种类型：

1. 抛物面槽(Parabolic-Trough)；
2. 太阳能发电塔(solar power tower)；
3. 抛物面碟(Parabolic-dish)太阳热能发电。

6.2.2 抛物面槽太阳能发电技术

抛物面槽(Parabolic-Trough)镜面反射器用来聚集太阳光到安置在抛物槽的焦点线上的热效应接收器管。传热工质，例如合成热油(synthetic thermal oil)在这些管子里面循环。合成热油被管子处于聚焦的太阳光辐射加热到大约400℃，然后经一系列热交换器被泵到过热蒸汽发生器，直至产生过热蒸汽。这些过热蒸汽在透平发电机组处转换成电能：或是蒸汽循环的一部分，或者进入组合蒸汽和燃气透平循环。

图 6-5 所示简单描绘抛物面槽型镜面反射器的构造。

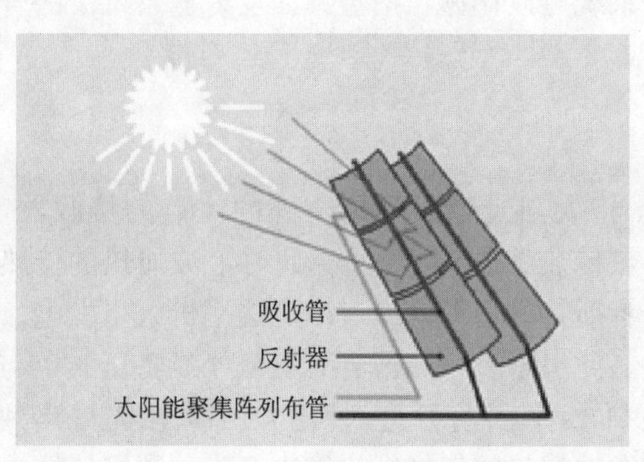

图 6-5 抛物面槽(Parabolic-Trough)镜面反射器(来源：solar dev)
(来源：green peace)

美国公司SkyFuel和美国国家可再生能源实验室(National Renewable Energy Laboratory，NREL)在实用CSP技术领域开展合作，创新研究减少成本26%的ReflecTech(R)，层压至薄铝片上的镜膜，质轻的高精度镜面。这一成果用于替代原来采用的曲面玻璃，成本降低约50%，并且易于大片生产。

6.2.3 太阳能发电塔发电技术

太阳能发电塔(solar power tower)又称中央接收器(central receivers)以便区别于“太阳上吸塔”(solar updraft towers)通常采用大的平板型定日器(heliostats)，即大的单体追踪太阳镜，将太阳光汇聚到一个安装在中央高塔顶端的接收器上。中央高塔接收器内的传热工质吸收从各定日器反射并高度汇聚的太阳光辐射，并将其转变为热能并随后产生过热蒸汽，以驱动透平机组发电。

如今，经证实的传热工质有：水/蒸汽、融盐、液钠和空气。如果采用高压气体或者非常高温(>1000℃)的空气作为传热工质，可以替代天然气用于燃气轮机。这样一来，可以达到良好的组合(>60%组合气体)与蒸汽的组合循环。

图6-6所示为太阳能发电塔(solar power tower)发电技术。

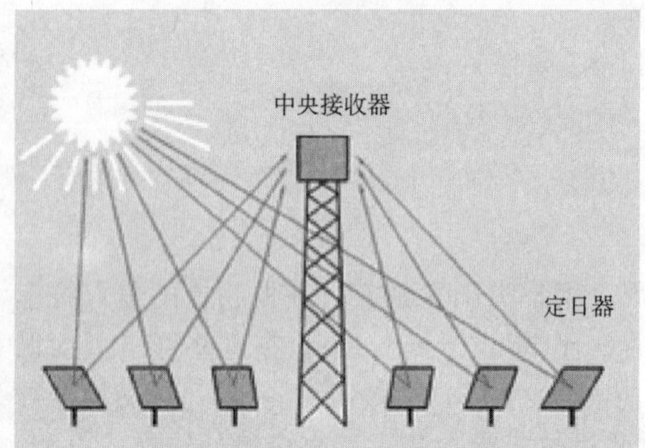

图6-6 太阳能发电塔(solar power tower)发电技术
(来源：green peace)

太阳能发电塔系统可以比抛物槽型镜面反射器系统便宜，因为它不像后者那样需要几英里长的玻璃管。另外，融盐—太阳能发电塔系统可以比抛物槽型镜面反射器系统中的合成热油温度高165℉(74℃)之多。

6.2.4 抛物面碟太阳热能发电技术

一个抛物面碟(Parabolic-dish)反射器用于将太阳光汇聚到位于碟的焦点的接收器，经聚焦的辐射光束被吸收进入接收器，进而加热传热工质到750℃。此时，被加热的传热工质用于驱动在接收器处的小型活塞引擎，或者斯特林引擎，或者微型透平机组来发电。

接收器被集成进一个高效的“外”燃引擎。此引擎有一些薄管充有氢气或者氦气，与在引擎外面的4个活塞汽缸(piston cylinders)共同运作并打开进入汽缸。当太阳光聚焦到接收器，将管中气体加热到非常高的温度，引发被加热的气体在汽缸内膨胀。膨胀气体推动活塞，进而使曲柄轴旋转，驱动发电机。接收器、引擎和发电机集成组装在抛物面镜碟的焦点处。

图 6-7 所示为抛物面碟(Parabolic-dish)太阳热能发电技术。

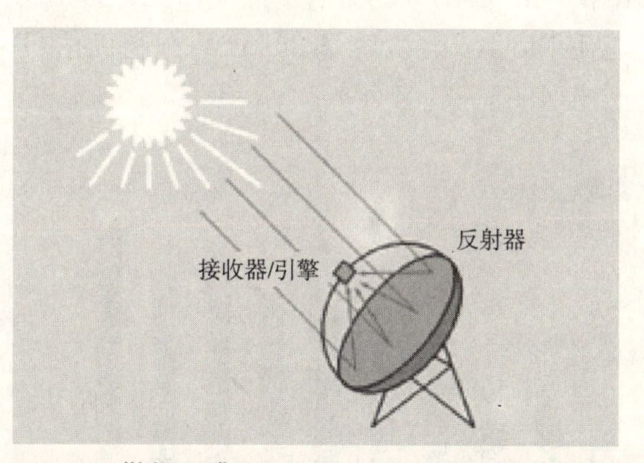

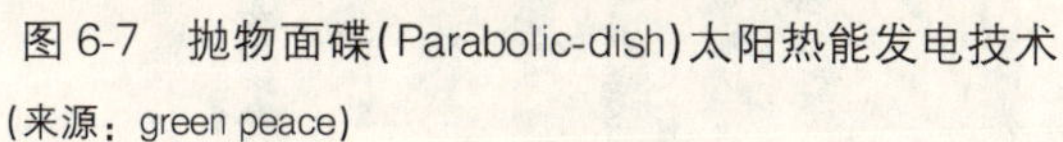
图 6-7 抛物面碟(Parabolic-dish)太阳热能发电技术

(来源：green peace)

6.2.5 三种太阳热能发电技术比较

表 6-1 比较了三种太阳热能发电技术的应用领域、各自的优势和缺点。

三种太阳热能发电技术比较　　表 6-1

	抛物面槽 (Parabolic-Trough)	太阳能发电塔 (solar power tower)	抛物面碟 (Parabolic-dish)
应用	联网厂；中、高温过程热； 目前最大容量 354MW	联网厂；高温过程热； 目前最大容量 10MW	单独竖立不联网或成组联结成网；目前最大容量 10kW
优势	1. 商业可供，已有＞12000000MW·h运行经验； 2. 温度高达 400℃； 3. 商业供应证明效率＞14%； 4. 商业供应证明投资和运行成本； 5. 模组件化； 6. 用地效率最佳； 7. 材料要求最低； 8. 混合式运行经证实； 9. 有存储能力	1. 中等容量时高转换效率前景看好； 2. 温度高达 565℃ 3. 高温存储； 4. 混合式运行有可能	1. 转换效率高，峰值时段可达 30%； 2. 模组件化； 3. 已有运行经验； 4. 混合式运行有可能
缺点	采用油基传热工质限制了最高运行温度进而导致中等蒸汽质量	商业供应尚未证明年产出值、投资和运行成本	可靠性需改善； 待大规模生产降低高成本

6.3 抛物面槽太阳热能发电

6.3.1 抛物面槽太阳热能发电技术的发展

6.3.1.1 抛物面槽太阳热能发电技术的应用

抛物面槽(Parabolic-Trough)系统代表了最成熟的太阳热能发电技术。装机容量

354MW 的抛物面槽太阳热能发电厂自从 20 世纪 80 年代已经并入南加州电网，以 15 美分/(kW·h) 的成本平均年发电量 924000MW·h。1985～2004 年，已有 12000000MW·h 的运行经验。图 6-8 所示为美国加利福尼亚州 Mojave 装机容量 354MW 抛物面槽(Parabolic-Trough)太阳热能发电厂太阳能历年产出(1985～2004 年)。

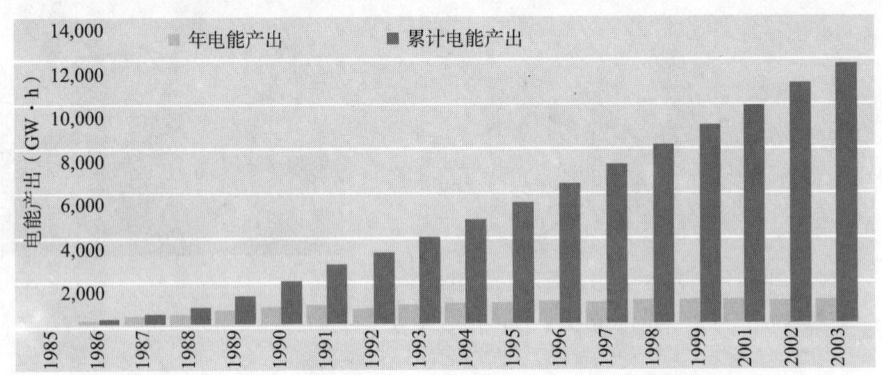

图 6-8 美国加利福尼亚州(California)Mojave 装机容量 354MW 抛物面槽太阳热能发电厂太阳能历年产出(1985～2004 年)
(来源：green peace)

6.3.1.2 抛物面槽太阳热能发电技术性能

图 6-9 所示简单地绘出了 1997 年 7 月 1 日在美国加利福尼亚州 Kramer SEGS VI 抛物面槽太阳热能发电厂实测的单位面积能量及效率。

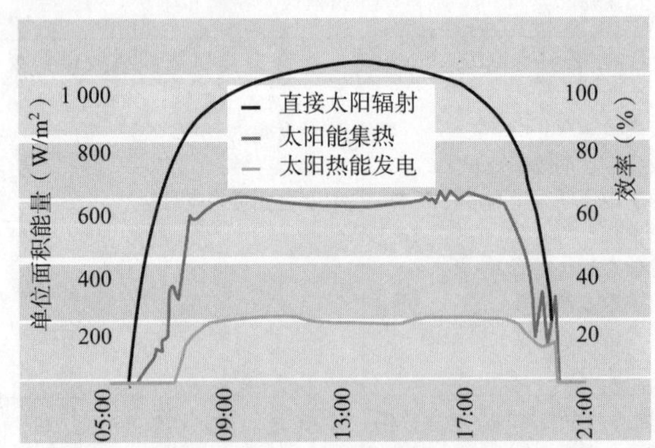

图 6-9 1997 年 7 月 1 日在美国加利福尼亚州 Kramer SEGS VI 抛物面槽式太阳热能发电厂实测的单位面积能量及效率
(来源：green peace)

图 6-9 表明：尽管抛物面槽系统已经取得成功，但在能量产出以及系统效率，特别是降低成本，扩大应用范围方面，尚存在很大改进空间。

6.3.2 抛物面槽太阳热能发电技术改进

尽管抛物面槽系统取得了成功，但并非就此大功告成。结构设计能继续改善光路精度、减小重量、降低成本、进而提高热输出：诸如增加单体集热器长度、改进驱动机构、优化连接管线。新一代接收管也将进一步降低热损失，同时增强可靠性。改良传热工质将提高运行温度，改善发电效能。低成本的热堆存储将会增加年运行小时，减少发电成本。作为最有效并且可以大大降低成本的改进措施：实现自动化控制和大批量生产才能稳步地扩大市场。

在德国，一种具有新专利的可折叠式抛物面槽型集热器，能够按照各自运行状态取不同的姿势。比如说，可以倾斜，避免敏感的镜面沾染灰尘，此外，还能防止沙尘暴和冰雹来袭。

当白天运行之时，这种可折叠式抛物面槽集热器还能跟踪太阳光，追随转动。

图 6-10 所示为 SKAL ET-EURO 抛物面槽太阳热能发电厂每日跟踪控制简单原理。

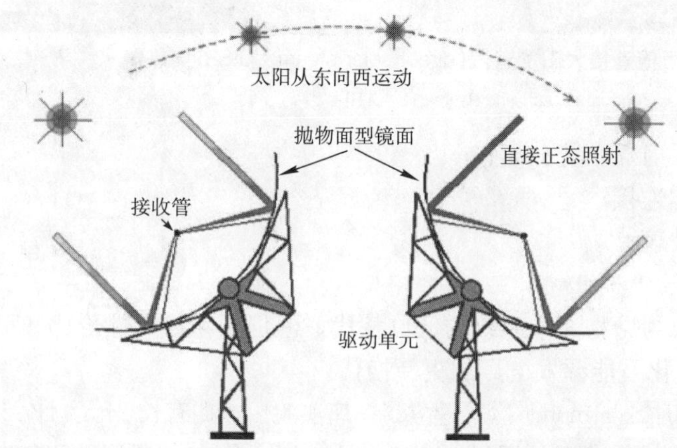

图 6-10 SKAL ET-EURO 抛物面槽太阳热能发电厂每日跟踪控制原理
(来源：Solar Millennium AG)

此种抛物面槽太阳能集热器的基座可以很轻，因为折叠起来以后对风的阻力非常小。它还有循环水自动镜面清洁装置，降低了运行成本；提高了热能产出；拓宽了抛物面槽太阳热能发电的应用领域；改善了抛物面槽太阳热能发电厂的经济性能。

还有一种创新在于省去传热工质，在抛物面槽太阳能集热器处直接产生太阳热能发电所必需的蒸汽。这就意味着：过热蒸汽直接生成于接收器管之中。如此形成的过热蒸汽温度可高达 500℃以上，可以径直送入蒸汽透平发电机组来发电。

这种直接太阳热能蒸汽发电被称为 DISS(direct solar steam)方式。

图 6-11 从不同角度展示了抛物面槽(Parabolic-Trough)直接太阳能蒸汽(direct solar steam，DISS)集热器。

6.3.3 线性菲涅耳反射器阵列

线性菲涅耳反射器(linear Fresnel Reflector，LFR)矩阵是一个类似抛物面槽：能将太阳光辐射汇聚到的一个升高的反向聚焦的直线型接收器；只不过利用的是近似平面的反射器。

线性菲涅耳反射器(LFR)矩阵的优点可以归纳为：

1. 结构支持和接收器成本低；

图 6-11 抛物面槽直接太阳能蒸汽(direct solar steam, DISS)集热器
(来源：Dewutsches Zentrum für Luft-und Raunfahrt, DLR)

2. 接收器和反射器系统分离；
3. 固定的液体连接；
4. 可用普通玻璃；
5. 聚焦线更长。

LFR 有可能成为抛物面槽系统的低价替代，但仍须考核其性价比和可靠性。
也可用于现有化石能源发电厂的更新换代。
1999 年，比利时 Salarmundo 公司建立了一座实验厂：拥有长 24m，计 2500m^2 的反射器。
图 6-12 所示为线性菲涅耳反射器(linear Fresnel reflector，LFR)矩阵工作原理及系统。

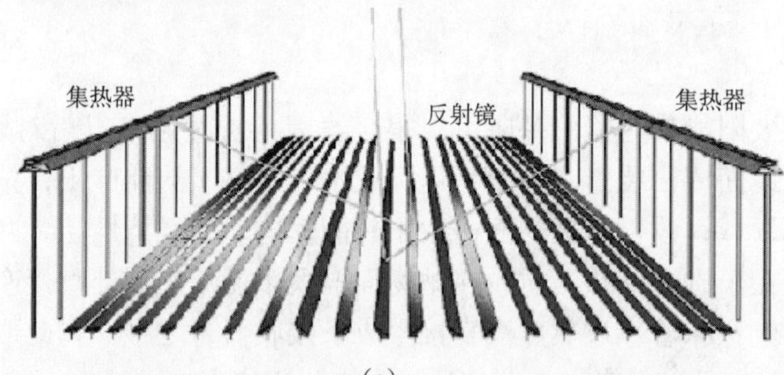

(*a*)

(*b*)

图 6-12 线性菲涅耳反射器矩阵工作原理及系统
(来源：Builditsolar)
(*a*)工作原理；(*b*)系统

6.3.4 抛物面槽太阳热能发电成本

表 6-2 给出了抛物面槽太阳热能发电成本降低分析一览表。根据近期、中期和长期新建发电厂成本核算，发电成本的降低是肯定的。

抛物面槽太阳热能发电成本分析一览表　　表 6-2

	近期	近期	近期	中期(5a)	长期(10a)	长期(10a)
功率循环	Rankine	Rankine	ISCC	Rankine	Rankine	Rankine
太阳能集热场(m^2)	193000	1210000	183000	1151000	1046000	1939000
存储(h)	0	0	0	0	0	0
太阳能发电容量(MW)	30	200	30	200	200	200
总容量(MW)	30	200	130	200	200	200
太阳能发电容量系数	25%	25%	25%	25%	25%	50%
年太阳能发电效率	12.5%	13.3%	13.7%	14.0%	16.2%	16.6%
资本花费(美元/kW)						
美国	3500	2400	3100	2100	1800	2500
国际	3000	2000	2600	1750	1600	2100
运行[美元/(kW·h)]	0.023	0.011	0.011	0.009	0.007	0.005
发电成本[美元/(kW·h)]	0.166	0.101	0.148	0.080	0.060	0.061

(资料来源：green peace，2004)

6.4 太阳能发电塔发电

6.4.1 太阳能发电塔发电技术发展

技术上可以方便处理的温度可以达到 1300℃。如是，则热动力学特性的效率将会远高于抛物面槽型集热器阵列系统的水平。可以采用的传热工质有液态硝酸盐、水蒸气或者热空气，如图 6-13 所示。

平板型定日器(heliostats)的原理也可以用在太阳能熔炉、工业过程控制，加速化学反应。

常用接收器有：空腔接收器、融盐接收器和体积接收器。后者对产生高温有利。

图 6-13　中央接收器/太阳能发电塔系统

(来源：Deutsches Zentrum für Luft-und Raumfahrt，DLR)

6.4.2 太阳能发电塔的成本

尽管已有实验项目运行，到 2004 年为止尚无中央接收器/太阳能发电塔系统商业发电厂设备供应市场。

在西班牙，一座中央接收器/太阳能发电塔系统发电厂采用融盐热量存储器，预计成本达 0.14～0.20 €/(kW・h)。

按照世界银行估计：这一成本中期有望为 0.07 欧元/(kW・h)；长期到 0.05 欧元/(kW・h。)

6.5 抛物面碟太阳能发电

6.5.1 抛物面碟太阳能发电现状

相比较而言，抛物面碟是在反射器焦点上有引擎发电机的小规模单元。通常其外部尺寸为：直径 5～10m，输出功率 5～50kW。当然，与其他太阳能发电装置类似，抛物面碟太阳能聚集装置也可以附加天然气或者沼气供应任何时间均可发挥出的容量。

由于抛物面光学汇聚近似理想焦点以及双轴跟踪控制，使得抛物面碟太阳能聚集装置在所有太阳能聚集装置中拥有最佳的聚焦特性。鉴于经济原因，抛物面碟太阳能聚集装一般仅具有 25kW 电输出功率。图 6-14 所示抛物面碟矩阵列的累计电输出功率可望达 MW 量级。

基于抛物面碟小尺寸的特点，这一技术的进一步发展将主要会在分散、偏远、单独区域供电系统方面。

如今，世界各地广泛发展的抛物面碟/斯特林引擎系统显现了高能量转换效率以及在引擎达到高温度的出众潜力。比如：具有 25kW 电输出功率的抛物面碟/斯特林引擎系统可以使发电效率达 30%；其太阳能汇聚镜碟直径 3～25m，电输出功率至 50kW，已经商业可供。

抛物面碟/斯特林引擎系统在分散、偏远、单独区域供电系统，诸如海岛供电已经有单台 10～400kW 系统在应用。众多台抛物面碟/斯特林引擎系统彼此之间连接有望提供电输出功率达 10MW。

图 6-15 所示为多台抛物面碟/斯特林引擎系统。

图 6-14 抛物面碟阵列(Parabolic-dish arrays)太阳热能发电
(来源：Solar Millennium AG)

图 6-15 抛物面碟/斯特林引擎系统
(来源：Deutsches Zentrum für Luft-und Raumfahrt，DLR)

尚有不常见的抛物面碟场地设施(Dish-Farm-Anlagen)将接收器置于多台抛物面碟的焦点，通过加热传热工质供蒸汽发生器使用。目前，抛物面碟场地设施在经济效益方面还不能和抛物面槽型集热器阵列系统以及太阳发电塔发电系统相比。

三维旋转抛物面碟(3D－parabolic-dish)作为直接汇聚太阳能的接收器/反射器/反应器在其钢结构件背面附加了多层玻璃反射器，如同天线装置一般；或者，作为集成结构，经由一个承载环由两片薄钢板或薄铝板作为反射膜片绷紧组成；还有另一种结构：一个承载环有多层人造材料膜片依抛物面形状绷紧，层间形成一真空层。

尽管有各种不同类型，对于太阳辐射最终产出结果起决定作用的是抛物面形状、表面反射均匀性以及接收器的开孔等因素。

三维旋转抛物面碟通常直径为20m。

6.5.2 抛物面碟太阳能发电的成本

6个以抛物面碟/斯特林引擎系统为基础的太阳能发电项目由德国环境部出资，德国SBP公司在德国、西班牙、法国、意大利、印度进行实验，瞄准目标——降低成本。预计近期可达到目标是：生产成本0.15欧元/(kW·h)。

这是因为：只有成本大大下降，才有可能大规模推广抛物面碟/斯特林引擎系统。

6.6 上升空气流及下降空气流太阳能发电

6.6.1 上升空气流太阳能发电系统简介

上升空气流太阳能发电由一个大面积的简单的空气集热器(功能犹如一座温室)，一座烟囱以及位于从空气集热器到烟囱通道内的一个或几个风力透平机组组成。

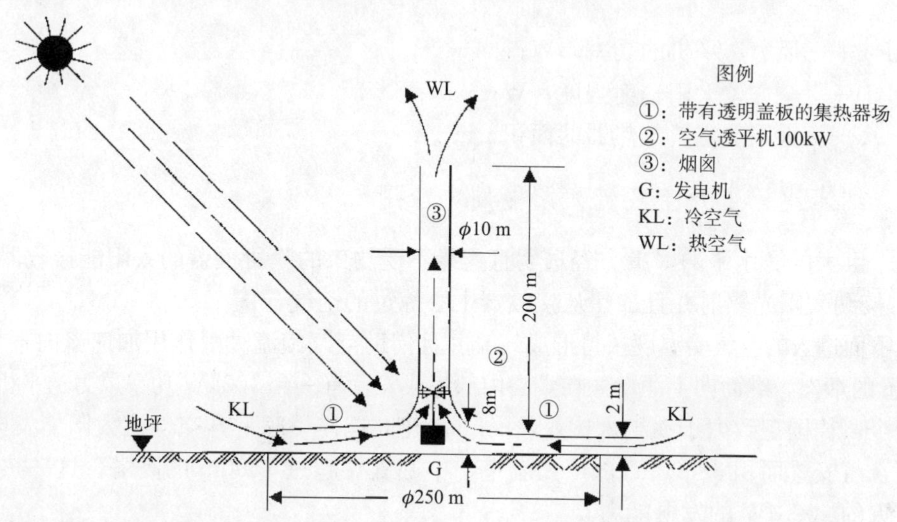

图6-16 上升空气流太阳能发电厂
(来源：IB-THEISS)

透光拱顶下面被太阳能加热的空气流朝着位于中心位置的烟囱以9m/s的速度上升并且穿过透平机组。从空气集热器的透明盖板(玻璃或者人造材料膜制)射入的太阳辐射能量升高了盖板下温度(辐射井)。根据与烟囱高度相关的气压高度公式，加大烟囱底部和开口处的压力差。这样，从空气集热器入口处空气流的动能经风力透平机组变成电能，如图6-16所示。

上升空气流太阳能发电系统的组成部件很简单，安装费用也低。但是，按理论估计：其效率仅为1%。

通过把拱顶下面的空气集热器本体涂成黑色，增加热吸收作用，提高热存储效应。这样一来，太阳落山也可以发电。

6.6.2 上升空气流太阳能发电原理

上升力与冷热空气的密度差以及烟囱高度相关联。假如断面面积1m²，热力学上升力作为空气流压力差，可以写作：

$$\Delta p = g \cdot h \cdot (\rho_k - \rho_w)$$

式中 g——重力加速度，m/s^2；

h——烟囱高度，m；

ρ_k——冷空气密度，kg/m^3；

ρ_w——烟囱中等温度热空气密度，kg/m^3。

压力能量变成空气流的动能，依据伯努利(Bernoulli)方程：烟囱中空气流速 w 为：

$$w = \sqrt{2 \cdot \Delta P / \rho_w}$$

风力透平机的功率依烟囱中空气流速和透平机处烟囱断面面积计算。

这样，上升空气流太阳能发电的效率 η 为：

$$\eta = \frac{P_T}{IA}$$

式中 P_T——风力透平机的功率，W；

I——全方位太阳辐射强度，W/m^2；

A——太阳能空气集热器的面积，m^2。

6.6.3 纳米比亚上升空气流太阳能发电应用

一个巨大的、水平的，上方经透明且边缘不受约束的膜所覆盖的太阳能接收器，直径250m，接纳太阳光辐射并且加热从接收器中心掠过的空气。

从下面进入的空气受温度挟持形成气流并且借助空气旋流吸引作用加速流向直径10m，高200m的烟囱，继而向上涌动。在烟囱内部集成安置有一台100kW功率风力透平机组。

现今，德国正致力于在纳米比亚(Nambia)建立这样一座上升空气流太阳能发电系统。在那里，将安置面积38000m²的巨大温室，中心耸立超过1500m的高塔。这一热力学设施具有大约400MW的发电能力。

6.6.4 下降空气流太阳能发电

至今，下降空气流太阳能发电仅仅是一个概念。由一座超过1000m的高塔，塔顶附近空气借助喷水吸收能量。通过蒸发冷却和水霭重量下压空气到塔底，遂驱动风力透平机发电。

这种方法适用于干热天气并具有丰富水资源的地区，如海边。

6.7 太阳热能复式循环发电厂

太阳热能复式循环发电厂(Integrated Solar Combined Cycle，ISCC，plants)在 20 世纪 90 年代末被提出，主要目的是通过使用可再生能源来减少通常发电厂的污染排放；与此同时，中和太阳能发电高成本投资以及用煤和天然气发电的低花费。

6.7.1 太阳热能复式循环发电厂简介

一座太阳热能复式循环(Integrated Solar Combined Cycle，ISCC)发电厂是将通常的复式循环(CC)厂(包括：一座燃气或燃煤透平，一座热回收器和一个蒸汽透平)和太阳能发电厂连接在一起。太阳能发电厂产生的蒸汽进入复式循环(CC)厂的水一蒸汽循环，进而增加蒸汽透平的输出功率。

尽管目前投产的 ISCC 厂均采用抛物面槽太阳热能发电技术，实际上所有高温和中温聚光太阳能(CSP)技术全可以用于在太阳热能复式循环(ISCC)发电厂。

图 6-17 所示为太阳热能复式循环发电厂的框图。

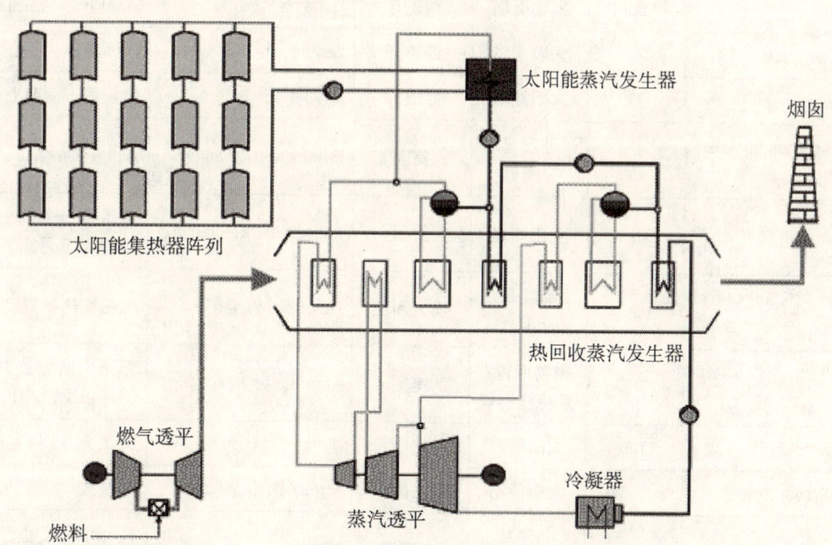

图 6-17 太阳热能复式循环(Integrated Solar Combined Cycle，ISCC)发电厂
(来源：FlagSol)

6.7.2 太阳能在太阳热能复式循环发电厂的贡献和效率

1. 增量朗肯(Rankine)循环的效率比仅利用太阳能发电的效率高；也比一般的复式循环(CC)厂效率高。

2. 增量朗肯(Rankine)循环发电厂的投资花费仅为仅利用太阳能发电的 25%～75% 不等。

3. 太阳能发电的投资在所有混合选项中最低。

6.8 世界太阳热能发电项目一览

6.8.1 已经运行项目

表 6-3 所列为世界太阳热能发电已运行项目。

世界太阳热能发电已经运行项目一览表 **表 6-3**

项目名称	容量(MW)	技术类型	国 家	地 点	备 注
Solar Energy Generating Systems	354	抛物面槽	美国	Mojave Desert California	9 座集热器阵列
Nevada Solar One	64	抛物面槽	美国	Boulder City，Nevada	
Andasol solar power station	100	抛物面槽	西班牙	Granada	一期完工 2008 年 二期完工 2009 年
Energia Solar De Puertollano	50	抛物面槽	西班牙	Puertollano，Ciudad Real	2009 年 5 月完工
Alvarado 1	50	抛物面槽	西班牙	Badajoz	2009 年 7 月完工
PS20 solar power tower	20	太阳能塔	西班牙	Seville	2009 年 4 月完工
PS10 solar power tower	11	太阳能塔	西班牙	Seville	欧洲第一个商业太阳能塔
Kimberlina Solar Thermal Energy Plant	5	菲涅耳反射器	美国	Bakersfield，California	Ausra demonstration plant
Sierra SunTower	5	太阳能塔	美国	Lancaster，California	美国第一个商业太阳能塔，2009 年 8 月完成
Liddell Power Station Solar Steam Generator	2	菲涅耳反射器	澳大利亚	NewSouthWales	太阳能代替煤发电
Maricopa Solar	1.5	抛物面碟/斯特林引擎	美国	Peoria，Arizona	第一个商业旋转抛物面/斯特林引擎，2010 年 1 月完成
Jülich Solar Tower	1.5	太阳能塔	德国	Jülich	2008 年 12 月完成
THEMIS Solar Power Tower	1.4	太阳能塔	法国	Pyrénées-Orientales	混合式
Puerto Errado 1	1.4	菲涅耳反射器	西班牙	Murcia	2009 年 4 月完工
Saguaro Solar Power Station	1	抛物面槽	美国	Red RockArizona	
Keahole Solar Power	1	抛物面槽	美国	Hawaii	
Kibbutz Samar Power Flower	0.1	太阳能塔	以色列	Kibbutz Samar	
总计	668.9				

6.8.2 现正在建项目

表 6-4 所列为在建项目。

世界太阳热能发电正在建设项目一览表　　表 6-4

项目名称	容量(MW)	技术类型	国　家	地　点	备　注
Solnova 1，3，4	150	抛物面槽	西班牙	Seville	
Extresol 1-3	150	抛物面槽	西班牙	Torre de Miguel Sesmero(Badajoz)	
Andasol 3-4	100	抛物面槽	西班牙	Granada	带热存储
Palma del Rio 1，2	100	抛物面槽	西班牙	Cordoba	
Helioenergy 1，2	100	抛物面槽	西班牙	Ecija	带热存储
Solaben 1，2	100	抛物面槽	西班牙	Logrosan	
Valle Solar Power Station	100	抛物面槽	西班牙	Cadiz	带热存储
Aste 1A，1B	100	抛物面槽	西班牙	Alcázar de San Juan(Ciudad Real)	
Termosol 1+2	100	抛物面槽	西班牙	Navalvillar de Pela(Badajoz)	
Helios 1+2	100	抛物面槽	西班牙	Ciudat Real	
Majadas de Tiétar	50	抛物面槽	西班牙	Cacares	
Lebrija-1	50	抛物面槽	西班牙	Lebrija	
Manchasol-1	50	抛物面槽	西班牙	Ciudad Real	带热存储
La Florida	50	抛物面槽	西班牙	Alvarado(Badajoz)	
La Dehesa	50	抛物面槽	西班牙	La Garrovilla(Badajoz)	
Axtesol 2	50	抛物面槽	西班牙	Badajoz	
Arenales PS	50	抛物面槽	西班牙	Moron de la Frontera(Seville)	
Serrezuella Solar 2	50	抛物面槽	西班牙	Talarrubias(Badajoz)	
El Reboso 2	50	抛物面槽	西班牙	El Puebla del Rio(Seville)	
Moron	50	抛物面槽	西班牙	Moron de la Frontera(Sevilla)	
Olivenza 1	50	抛物面槽	西班牙	Olivenza(Badajoz)	
Medellin	50	抛物面槽	西班牙	Medellin(Badajoz)	
Valdetorres	50	抛物面槽	西班牙	Valdetorres(Badajoz)	
Badajoz 2	50	抛物面槽	西班牙	Talavera la Real(Badajoz)	
Santa Amalia	50	抛物面槽	西班牙	Santa Amalia(Badajoz)	
Torrefresneda	50	抛物面槽	西班牙	Torrefresneda(Badajoz)	
La Puebla 2	50	抛物面槽	西班牙	La Puebla del Rio(Sevilla)	
Termosolar Borges	50	抛物面槽	西班牙	Borges Blanques(Lerida)	
Gemasolar，former Solar Tres Power Tower	17	太阳能塔	西班牙	Fuentes de Andalucia(Seville)	
Renovalia	1	抛物面碟	西班牙	Alabacete	
Martin Next Generation Solar Energy Center	75	ISCC	美国	Florida	蒸汽进入混合循环
Kuraymat Plant	20	ISCC	埃及	Kuraymat	
Hassi R'mel integrated solar combined cycle power station	25	ISCC	阿尔及利亚	Hassi R'mel	
Beni Mathar Plant	20	抛物面槽	摩洛哥	Beni Mathar	
总计	2158				

6.8.3 已宣布拟建较大项目

世界各国已经宣布拟建的较大项目(发电容量≥100MW)如下：

1. 美国已宣布拟建共 30 个项目，总计发电容量 9559MW；
2. 中国宣布将建太阳能塔系统，总计发电容量 2000MW；
3. 西班牙已宣布拟建共 20 个项目，总计发电容量 1080MW；
4. 以色列拟建(类型待定)发电容量 250MW；
5. 阿布扎比拟建抛物面槽系统，发电容量 100MW；
6. 南非拟建太阳能塔系统，总计发电容量 100MW。

(以上关于世界太阳热能发电项目资料来源：ENOTES)

7 太阳能光伏发电

7.1 太阳能光伏发电概述

说起太阳能设施，无论是太阳能热设施，或者是太阳能光伏设施，这些系统全都涉及将太阳辐射转换成对人们有用的能量——热能或者电能。

太阳能热设施的主要组成部分包括：集热器、热存储器和调控设施。太阳能光伏设施的主要组成部分包括：太阳能电池(连接在一起组成太阳能模板)，电池组(蓄电池组)，当产出电能欲汇入电力网，尚需能将直流电转换为交流电的逆变器。

如本书第 2 章所述：太阳能设施的生态优势是降低对通常化石能源的需求进而避免 CO_2 排放。

7.1.1 从太阳光到电能的转换

太阳能电池可以将太阳辐射转换成电能是基于 1839 年法国物理学家贝克雷尔(Alexsandre-Edmond Becqurel)的发现——后来被人们称为“光伏效应”。

“光伏”一词源于希腊语“光”(*Foton*)和意大利物理学家电池发明人伏特(Alessandro Volta)名字的组合。“伏特”(Volt)也被后人用作标识电压的 SI 单位。

1954 年，发现“光伏效应”一百多年之后，美国贝尔实验室首次制成单晶硅太阳能电池，将太阳光能转换为电能成为实用的光伏发电技术。

类似电子半导体器件的生产，太阳能电池通常由高纯硅晶体制造。经过吸收太阳光，太阳能电池中产生自由电子和空穴对，遂在 PN 结附近形成电动势。此电动势和半导体材料相关，当有负载连接便会产生直流电流。

生产太阳能电池模板用的半导体材料高纯硅通常呈薄片状，其原料石英砂可以按单晶硅、多晶硅或者非晶硅加工。

7.1.2 光伏效应

绝大部分太阳能电池由 4 价元素的硅半导体材料生产。当太阳光照射太阳能电池，光量子激发产生自由电子和空穴对。半导体内部 N一型半导体(注入 5 价元素掺杂后形成)和 P一型半导体(注入 3 价元素掺杂后形成)的交界处(一边空穴多，另一边电子多，空穴和电子会自动向浓度低的方向扩散)——PN 结附近生成载流子没有被复合而到达空间电荷区：电子入 N 区，空穴进 P 区，结果使 N 区具过剩的电子，P 区有过剩的空穴。它们在 PN 结附近形成与势垒电场方向相反的光生电场。光生电场除了部分抵消势垒电场的作用外，还使 P 区带正电，N 区带负电，在 N 区和 P 区之间的薄层就产生电动势，这就是“光伏效应”。当有外部负载 R 连接，则会提供出直流电流。图 7-1 简单描绘了这一情形。

一般地说，太阳能电池可以整个生命周期产电，并且多达生产太阳能电池时所耗费电力的很多倍。太阳能电池经 4～7 年运行就可以抵达生产太阳能电池时所耗费电力的平衡。从此以后，能量的投入产出表上将会是正收入。这时候，太阳能光伏设施将没有任何资源消耗地生产清洁电能。

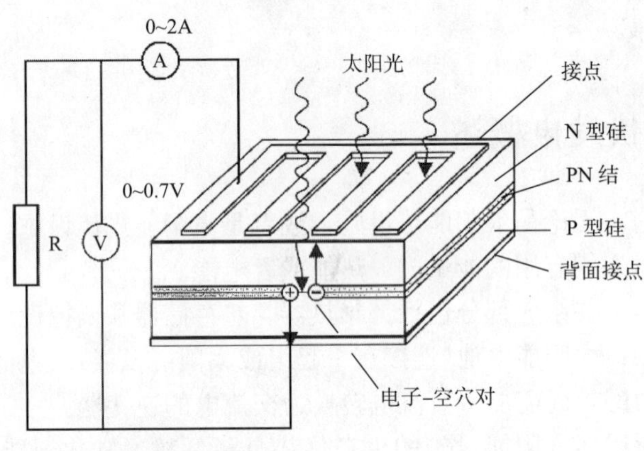

图 7-1　光伏效应示意

（来源：IB-THEISS）

7.1.3　太阳能光伏发电设施评估

7.1.3.1　太阳能光伏发电设施的功能评估

太阳能光伏电池的优势在于：

1. 能产生清洁的，以“生态”为标识的电能；
2. 用户不依赖电网，可自给自足；
3. 特别适合“孤岛”——周末度假屋、花园或者远离居民区的供电。

太阳能光伏电池的缺点包括：

1. 和太阳能热发电设施相比，投资成本偏高；
2. 电网电力是即时消费的，而不联网的光伏发电却绝大部分产电要存储。尽管和太阳热发电一样受气候影响大，但是，光伏发电的储能要比热存储困难得多。

然而，用户经常需用的是 220V 交流电，光伏发电要和外界商业电网连接，逆变器必不可少。光伏发电电功率和接收的太阳辐射强度直接相关：当电压与太阳辐射强度关系不大时，高太阳光辐射强度使电流增加。

太阳能光伏发电常用峰值功率表示设施的发电能力。太阳能电池的峰值功率指的是在太阳能电池温度为 25℃，太阳光光功率 100W/m^{2}时定义的输出电功率，符号为 W_p。

至于太阳能电池的效率，目前工业产品按结构不同介于 5%～17%不等。太阳能电池组合成太阳能电池模板可实现的效率，可达到 10%。更高效率的太阳能电池正在研究之中。

7.1.3.2　安装太阳能光伏发电设施的建筑美学考量

图 7-2 所示为安装在屋顶的光伏模板。

图 7-2 安装在屋顶的太阳能光伏模板
(来源：djd GmbH)

对于集成在或者安装在建筑物上的太阳能光伏模板进行建筑外观效果的评估可谓见仁见智，各不相同。

如何在建筑物上安置太阳能光伏设施，对于建筑物总体建筑造型效果的影响是决定性的。不管是在建筑物上装置太阳能光伏模板还是太阳能热设施，不论它是原本打算获取太阳能或者利用太阳能，对于一座已建成或者已设计好的建筑物而言，太阳能设施的可视部分部件不能让人看作与这座建筑物不相干的物件；也不能根本上改变原建筑的特征。

对于有历史性纪念意义的住宅建筑进行能量高效改造加装集热器或者太阳能光伏模板，往往会问题多多。

可采用集成“能量屋顶”，即将太阳能光伏模板集成进屋顶覆盖部件和其他屋顶功能结合在一起：诸如与防雨，耐气候变化等功能为一体。

从太阳能光伏模板方面亦可以通过选择薄膜光伏模板来改善外观造型。薄膜光伏模板能够具有晶体硅光伏模板一样的能量效率。此外，这一技术也比较经济，比如说，40m^{2}面积上串联 4 个光伏发生器，W_p可以达到 4kW。采用 30m^{2}面积的薄膜光伏模板即可供一般家庭用电。

薄膜光伏模板还有另外的优点：与晶体硅光伏模板相比，较少受阴影影响；较少产生过热问题。

太阳能光伏电池技术不仅能提供单独用户供电也能满足建筑造型要求，还可以用于工业建筑和整个居住小区短途电力供应。

太阳能光伏技术在将来会更加成熟，依照标准，已经可以做到 20 年确保质量。

7.1.4 太阳能光伏电流导引

太阳能光伏发电产生的光伏电流，将向供电电网输送。一般来说，建筑物屋顶产生的光伏电流经过特殊导线送至地下室或者其他类似地点安置的转换站，得以输送电网。当然，特殊导线以及相关联的设施增加了成本。此时，直流电的导线断面比交流电的导线断面要大。

从技术和法理角度出发，电流导引不要用房子内的电线网。因此，太阳能光伏电度表和逆变器要尽可能接近太阳能光伏发生器处安装。这种光伏电流导引原则如图 7-3 所示。

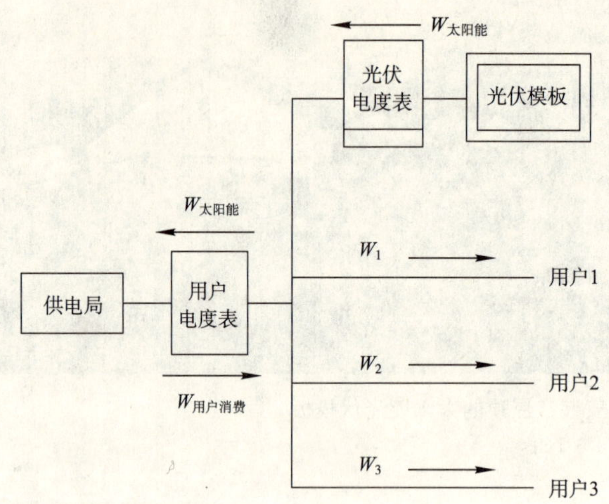

图 7-3 太阳能光伏电流导引原则
(来源：IB-THEISS)

这样一来，能量的花费可以按如下方式计算：

供电局按照光伏电度表读数 $W_{太阳能}$ 确定用户贡献：

$$用户贡献=W_{太阳能}\times 供电局光伏发电收购单价$$

实际用户应付电费按如下计算：

$$用户应付电费=(W_{用户消费}-W_{太阳能})\times 用户家电消费单价$$

7.1.5 太阳能模板特性参数

为了在太阳能光伏模板和光伏系统之间作比较，提出 5 个最重要的特性参数：

1. 效率；
2. 额定功率；
3. 绩效比；
4. 能量回馈时间；
5. 收获系数。

7.1.5.1 效率

以百分比表示的效率，指的是一个太阳能电池可以将百分之多少的太阳能辐射转换成电功率。接收的能量还有一部分变成热能(太阳能光伏模板通常会被加热到 60℃)，成为转换电能的损失。实际上效率是 10%，即 $1m^2$ 光—伏模板面积在太阳光垂直照射下产生 0.1kW 电功率。

如今，单晶硅太阳能电池效率可达到 14%～17%；多晶硅太阳能电池效率可达到 13%～15%；非晶硅太阳能电池效率约 5%～7%。薄膜光伏电池的效率平均来看，为 8%。

7.1.5.2 额定功率

太阳能光伏系统是用峰值功率 W_p 来标识的。这一额定功率是基于太阳能光伏模板受到：

1. 直接的、垂直的、具有 $1000W/m^2$ 光强的太阳光辐射；

2. AM 1.5×光谱；

3. 太阳能光伏电池温度为25℃。

典型的太阳能光伏模板可以达到峰值功率 $10 \sim 100W_p$。按照光伏电池或光伏模板的类型不同，一座功率 $1000W_p$ 的太阳能光伏设施需要有 $9 \sim 20m^2$ 光伏模板面积。

* 美国测试材料学会(American Society for Testing and Materials，ASTM)为光伏工业所制订的运行条件标准——在 air mass 数＝AM 1.5(利用光伏模板最多的美国、欧洲、日本所处纬度)标准参考辐射谱，如图 7-4 所示。

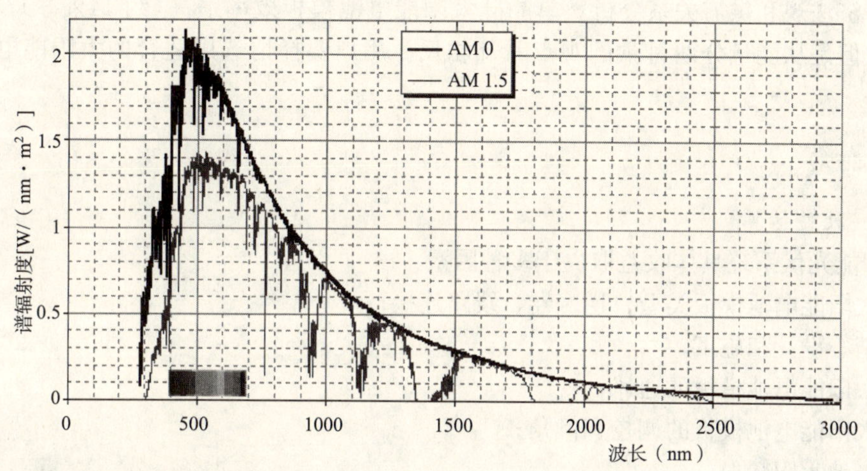

图 7-4 标准参考辐射谱

(来源：SMARTS 2.9.2)

7.1.5.3 绩效比(设施利用度)

绩效比(Performance Ratio，PR)：一个设施实际运行状况和最佳运行条件相比能量损失的量度。也就是实际上产生的太阳能与名义能量产出的比。名义能量产出指的是：

在标准条件下，太阳能光伏电池温度为25℃，具有 $1000W/m^2$ 的太阳光辐射；名义能量产出＝投射到倾斜的太阳能光伏模板上太阳光辐射×太阳能光伏模板效率。

绩效比(PR)表示一个太阳能光伏系统的产出对于一个理想的、无损耗系统，在同样倾角，同一标称功率和地点情况下的产出之比。这一设施利用度体现了太阳能光伏系统所有部件的能量效率，包括：太阳能光伏模板、逆变器、导线连接等的再次配合协调，而和太阳能光伏模板效率和调校并无太大关系。现代太阳能光伏设施的绩效比 PR 值介于0.7～0.8。如果一光伏设施的 PR 值为 0.8，则有20%电力收获“打水漂”了。实际上，光伏设施产出功率的降低还有其他原因：阴影遮挡、表面污物、积雪覆盖，或者光伏模板温度上升。

7.1.5.4 能量回馈时间

能量回馈时间：一座太阳能光伏系统需要多长时间电能的产出能得以平衡在生产太阳能电池时所耗费的电力。太阳能电池可以在其整个生命周期产电，并且多达生产太阳能电池时所耗费电力的很多倍；所以太阳能光伏系统的能量投入产出表上肯定会是正收入。晶体硅太阳能电池模板能量回馈时间是 3～4 年；薄膜太阳能电池模板能量回馈时间是 1～2 年。

7.1.5.5 收获系数

收获系数：一个太阳能光伏系统在其整个生命周期产电为生产太阳能电池时所耗费电力的多少倍。依生命周期 30 年计，单晶硅太阳能电池模板收获系数是 5～8；多晶硅太阳能电池模板收获系数是 7～14；非晶态硅太阳能电池模板收获系数是 9～21。

太阳能电池的功率由电压和电流的乘积来计算。然而，功率尚与温度息息相关：太阳能电池板温度越高，功率越低。

按经济法规和供需关系分析：单晶硅太阳能电池模板效率最高(约 14%～17%)，但也最贵；但是从能量分期付款的观点看却相反。用户要择情选用适合的太阳能电池模板类型。

7.1.6 估算

7.1.6.1 收益估算

太阳能光伏系统具体收益取决于多种因素：

1. 太阳能电池模板类型、逆变器、线路连接；
2. 精心设计和施工；
3. 太阳能电池模板的通风；
4. 太阳能电池模板的调校和倾角；
5. 当地太阳辐射；
6. 可能发生的遮挡。

根据当地情况，太阳能光伏系统具体收益可采用计算机专用软件算出。

7.1.6.2 太阳能电池模板倾角

全方位太阳辐射是指照射到地表水平面的太阳辐射，为直接辐射、间接辐射(散射)和反射辐射的总和。

全方位太阳辐射这 3 种组成部分的特征如下：

1. 太阳平行光是入射的直接辐射；
2. 间接辐射即由空气中灰尘颗粒散射，从不同方向射入的太空辐射；
3. 反射辐射是从毗邻环境来的(从前院、相邻建筑的墙等)折返的辐射。

根据统计：德国全方位太阳辐射介于 900～1100kW·h/m^2，其中直接辐射约 50%。

7.1.7 太阳能光伏设施的调校

对于产生电流，太阳能电池模板在整个系统中至关重要。太阳能光伏设施不能被树木或者毗邻房屋所遮挡。另外，要考虑太阳光接收平面有适当倾角，这是因为太阳辐射一年内不断变化；在德国，夏季 6 月 21 日入射角最高，约 61°；冬季 12 月 21 日最低，约 14°。其次，纬度影响亦很大。

谈及方位角，太阳光接收平面朝正南为 0°，偏西为正，偏东为负；比如正西为＋90°，正东为－90°。当向西南或者东南偏 45°时，发电所赢约减少 5%～10%。高产的电力收益发生在方位角 0°～50°。正确安置的太阳能板可以充分利用太阳能，比如房屋的前立面也能够获得最高90%的发电能力。

7.1.8 阴影遮挡的损失

一般说来，太阳能光伏设施不能被树木或者毗邻房屋所遮挡。为此，太阳能光伏设施应仔细安置避免阴影遮挡，留出恰当距离。

表7-1所列为功率损失系数与安放角度间的关系：

功率损失系数 K_s 与安放角度 α 间的关系 **表7-1**

α	0°～30°	40°	50°	60°	70°～90°
K_s	1.0	0.75	0.5	0.25	0

(来源：IB-THEISS)

综上所述，为了得到最大的收益，应当尽可能地朝南安置太阳能光伏模板，并且保持如下倾角以期获得更多太阳光照射：

1. 30°倾角装置太阳能光伏模板；

2. 45°倾角装置太阳能集热器设施。

为避免阴影遮挡，在建筑设计中应当注意：

1. 避免受建筑物阴影遮挡

密集建筑群会导致太阳能光伏模板潜能的降低，应特别注意距建筑物阴影边缘的距离以及毗邻建筑的高度。

2. 避免闭合建筑间距导致的阴影遮挡

作为一个指数，避免阴影的建筑物边缘和太阳能前立面光伏设施之间的距离(A)应为避免阴影的建筑物边缘的高度(H)之2.7倍。然而，如果 A/H 大于3.5，则对于增加太阳能光伏模板产电所赢的贡献并不大。

3. 避免彼此独立的建筑间距导致阴影遮挡

彼此独立建筑间距导致阴影遮挡与 A/V 比(建筑物体形系数)、建筑物长度以及建筑物间距有关。A/V 比应当大于2.4。

4. 避免树木即植被导致的阴影遮挡

树木导致阴影遮挡取决于树木相对于太阳能光伏前立面或者屋顶光伏设施的位置(距离远近)、树木枝叶生长、落叶期、树廓休整以及树木种植行间距等。针叶树阴影的遮挡作用和建筑物息息相关。单独生长的和成组生长的针叶树应分别保持距太阳能光伏前立面或者屋顶光伏设施至少2倍和2.7倍树高的距离。

实际上，阔叶落叶树的阴影遮挡作用被大大低估了。正是在太阳能光伏前立面或者屋顶光伏设施应当高产期间，阔叶落叶树却枝繁叶茂，导致太阳能光伏设施所赢降低许多。

如果是闭合阔叶树行应保持2倍上述(对于针叶树)最小距离；如若树行有中断或者独立阔叶树要保持上述(对于针叶树)最小距离的1.5倍。

5. 避免地形导致的阴影遮挡

由于地形导致的间接阴影遮挡，往往由目标(建筑物、树木)高度的变化引起。必须加大其间距以避免影响。

直接阴影遮挡是由周围丘陵或盆地环境引发的。

7.1.9 太阳能光伏设施的电能所赢

7.1.9.1 太阳能光伏设施的产出系数 e

平均来看，太阳能光伏设施每年每 1kW 功率产生大约 850～900kW·h电能。这一产出随每年地方日照强弱变化上下波动 10%。

太阳能光伏设施的产出系数 e 被定义为：在给定时间内在一个具 $1kW_p$ 峰值功率的太阳能光伏发生器面积上累积太阳光辐射 1kW·h 的产出。这样定义的产出系数 e 的物理单位相当于这一太阳能光伏发生器的等效质量系数——m^2/kW。这里有如下表达式：

年产出＝e×太阳能光伏发生功率×年太阳光辐射强度总和

太阳能光伏设施的 e 的值通常取：

单晶硅太阳能电池模板：0.74～0.75m^2/kW；

多晶硅太阳能电池模板：0.68～0.70m^2/kW。

7.1.9.2 太阳能光伏设施的电能所赢举例

假如在德国，标准地点、朝南面向、太阳能光伏模板相对水平面倾角 30°～40°，累计接收 1000kW·h/(m^2·a)太阳光辐射，单晶硅太阳能电池产生功率 $2kW_p$，此太阳能光伏设施年最多产电＝0.75×2×1.00＝1500kW·h/a。

朝南面向太阳的光伏模板一般均能达到最大产电收获。朝东南或者朝西南约降低 5%；而朝东或者朝西约降低 15%。

最高收益常常在倾角约 30°时达到。因为在其他角度时变化也不是很大，由于美学的缘故，太阳能光伏模板一般集成在屋顶。在朝南前立面安装的太阳能光伏模板收益仅为最佳倾角的 75%。

7.2 太阳光伏设施系统

7.2.1 电网耦合系统(电网并行)

在德国，不管原本是否按独立运行系统设计，绝大部分太阳能电力设施是按连接公共电网安装的。因此，为实施与电网耦合，跨地区安装在屋顶，建筑物前立面，或独立安置的太阳能光伏模板将产生的电流输入供电电网系统之中。图 7-5 所示为光伏设施发电电网耦合系统示意图。

独立光伏系统（“孤岛”设施），只有在没有公共电网供应或者供电价格很贵时才予以应用。

对于与公共电网耦合的系统，需将产生的全部电力输送进公共电网并和供电局签 20 年以上保证合同——依固定价(每千瓦时金额)卖给供电局。

与公共电网耦合的系统需要如下设施，如图 7-5 所示。

1. 供输送电流和回馈电流的配电柜；
2. 为计算补偿费和消费电费的电度表；
3. 监测电网的模型。

除此之外，重要的是安装一个太阳光伏电能观察仪器，其在设施不能正常工作或者输出很小时可以报警。

因为能量管理由电网运行者(供电局)进行，电网耦合系统的大小主要取决于所采用的太阳能光伏模板面积，当然也应考虑投资成本。

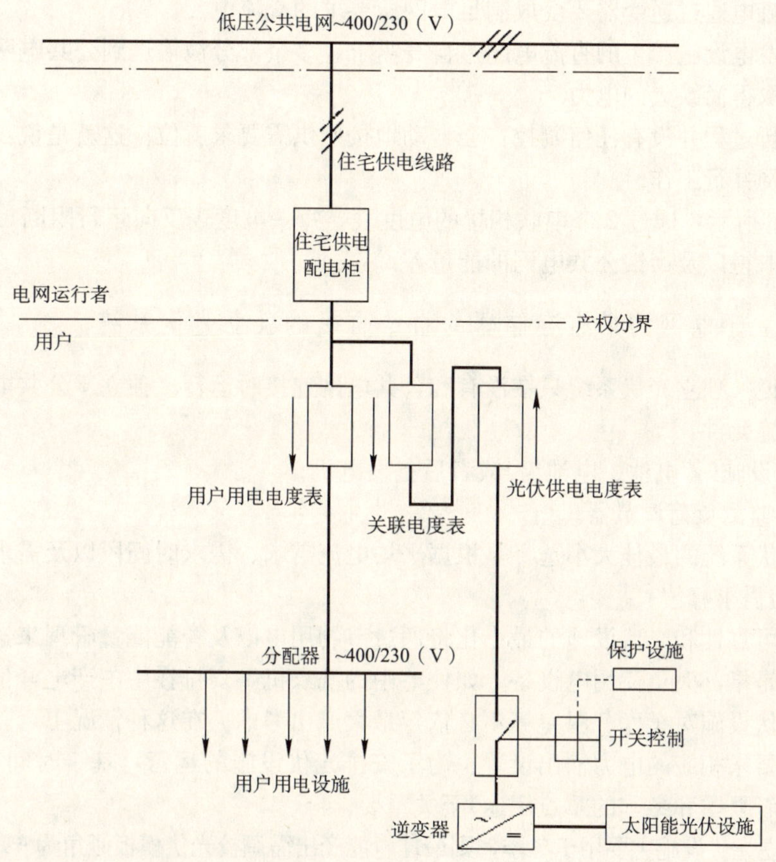

图 7-5　光伏设施发电电网耦合系统示意
(来源：IB-THEISS)

如果是住宅建筑，应当首先将光伏发电设施的配置基于覆盖自身电力需求，即尽量少用公共电网供应。对于住宅，用电高峰期是每天一早一晚，即太阳能辐射曲线低平段。与此相反，正午太阳光足，产电会过剩。

商业用途的建筑拥有最佳经济效益，这是因为能量需求和太阳光辐射曲线轨迹相似并且在电价最贵的峰值时期所需电力可以自己生产。

与电网耦合的光伏发电设施产出功率往往有上下 5kW 的波动。这种波动起伏范围对产电功率大的光伏发电设施来说会更大。这些设施是建筑前立面造型中集成光伏发电设施的情形以及在空地安置的工业生产场所的商业运行。

对于电网耦合的光伏发电设施的逆变器，必须给予足够重视。这里特别要履行法律和供电局方面事先提出的各项条款和要求：

1. 安全(直流电压和交流会电压之间绝对隔离不漏电)；

2. 绝缘监视；

3. 电网切断的安全保护电路；

4. 限制高次谐波和无功功率。

光伏发电设施运行的另外一个重点是在部分负荷区域保持高的效率。

电网耦合的光伏发电设施产生的直流电通过逆变器变成230V交流电输送至电网。重点在于：直流电通过逆变器要变成满足电网所要求的交流电。

当光伏发电设施产生的直流电超过自身需求，多余部分被输送到公共电网。反之，则从公共电网取得尚缺欠的电力。

整个运行过程并没有任何调控，会自动地按照供需要求就位。这就是说：光伏发电设施和公共电网并行工作。

如图7-5所示：通过2个串联相接的电度表，每一电度表反向运行阻断，就可以算出从公共电网取得以及回馈公共电网的能量差。

7.2.2 独立于电网的带有存储器的自给自足的独立光伏系统

一般来说，独立光伏系统只在没有和公共电网连接时运行。独立于公共电网运行需要有特殊的设施元件：

1. 存储设施(蓄电池、电池组)或者后备发电机；

2. 电压监测负荷调节器。

独立光伏系统的最佳大小选择是根据平均电流需求、需求时间段以及需求峰值来确定的(应能覆盖需求峰值)。

供电的可靠性和光伏设施的最小化将通过节约用电以及智能能量管理来达到。所谓智能能量管理是指：大负荷用电设备，如住宅中的洗衣机，安排在中午产电峰值时间使用。

独立光伏设施对车库、温室等不必依年最大产出考虑。在这种情况下，首先应当确定与列入计划要求相应的电力输出设置。为了安排光伏设施的运营，基于时间上的用途(整年的重点或者夏季和冬季的重点用途)至关重要。

如若独立光伏设施主要用于冬季，则最佳电能产出需调校光伏模板倾角为65°(中欧纬度)。

独立光伏设施需要蓄电池作为存储系统，以便可以在夜间或者太阳光辐射弱时用电。

鉴于太阳光辐射的高度不稳定实际上采用具有较长循环使用期的铅蓄电池或者太阳能蓄电池，如图7-6(*b*)所示。

为防止蓄电池由于过度承受负荷或者过度充电导致损坏，应当在光伏模板和蓄电池之间接一个负荷调节器，如图7-6(*a*)所示。采用负荷调节器还可以避免蓄电池在夜间由经太阳能光伏模板放电卸载。

(*a*)

图7-6 负荷调节器、太阳能蓄电池和逆变器（一）

(*b*)

(*c*)

图 7-6　负荷调节器、太阳能蓄电池和逆变器（二）
（来源：Wagner & Co. Solartechnik GmbH）
(*a*)负荷调节器；(*b*)太阳能蓄电池；(*c*)逆变器

当独立光伏设施除了直流电用户以外还有交流电用户，则必须有一个逆变器，如图 7-6(*c*)所示。

7.2.3　太阳能光伏系统的应用举例

7.2.3.1　装置光伏设施的高速公路噪声阻挡墙

德国高速公路噪声阻挡墙安装太阳能光伏设施，充分发挥了太阳能光伏发电设施巨大潜能。图 7-7 所示为通往慕尼黑机场的高速公路旁长达 1km 的噪声阻挡墙，其安装的太阳能光伏设施功率达 500kW_p(采用 ISOFOTONS 陶瓷基底太阳能光伏电池)。

(*a*)

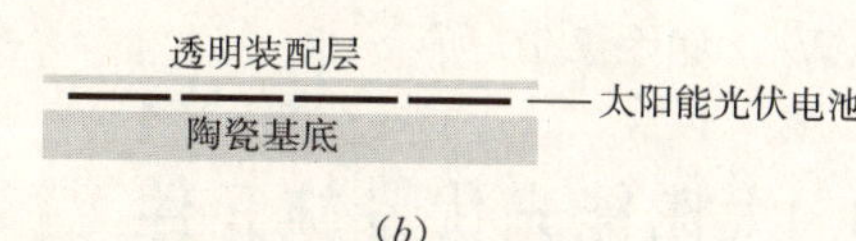

(*b*)

图 7-7　通往慕尼黑机场的高速公路旁的噪声阻挡墙安装的太阳能光伏设施
（来源：M. Grottke et al）
(*a*)高速公路旁的噪声阻挡墙安装太阳能光伏设施；
(*b*)ISOFOTONS 陶瓷基底太阳能光伏电池

7.2.3.2　在工厂屋顶装置光伏设施

图 7-8 所示为一个安装在屋顶上，功率为 500kW_p 的太阳能光伏设施(Miele factory in Guetersloh，Germany)，太阳能光伏电池模板面积达 24000m^2。20 年可以减少 CO_2 排放 7500t。

7.2.3.3 在梵蒂冈的光伏系统

在梵蒂冈的光伏系统功率达 230kW$_p$，每年发电大约 300000kW・h，如图 7-9 所示。每年可以减少 CO_2 排放 210t，等于每年免于燃烧 80t 燃油。

图 7-8 工厂屋顶装置的光伏设施
(来源：Thermovolt AG)

图 7-9 在梵蒂冈的光伏系统
(来源：SolarWorld AG)

7.2.3.4 柏林中央火车站的光伏系统

柏林中央火车站有百余年历史，目前为欧洲最大的火车站。它是长途、短途、城铁等铁路交通的枢纽。站台面积 35000m^2，营业大厅面积 164000m^2，每 1.5min 有一列车驶入；每天接待 24 万人次，每年约 5000 万人次旅客。

自 2003 年起在东西侧玻璃屋顶安装 1146m^{2}光伏电池模板，集成入 780 块玻璃顶板，总计 78000 块光伏电池，总长 320m，倾角呈 7°～19°不等。光伏电池模板具总功率 189kW$_p$，如图 7-10 所示。

图 7-10 柏林中央火车站的光伏屋顶

7.3 太阳能光伏设施元件

7.3.1 太阳能光伏电池概述

如今在市场上主要供应的光伏电池按最大可能效率大小排序依次是：单晶硅光伏电池，多晶硅光伏电池，非晶硅光伏电池，铜－铟－(镓)－硒化物或者镉－碲化物制成的薄膜光伏电池。

太阳能光伏电池由两种具有不同掺杂的半导体层组成。半导体可以采用如下材料：

1. 单晶硅；
2. 多晶硅(Si)；
3. 非晶硅(a-Si)；

4. 碲化镉(CdTe);

5. 铜－铟－(镓－)硒(Copper Indium Diselenide CIS/Copper Indium Gallium Diselenide, CIGS)。

硅太阳能光伏电池仅仅由(P和N掺杂的)硅组成；而碲化镉(CdTe)或者铜－铟－(镓－)硒(CIS/CIGS)电池，由不同的半导体材料共同构成。

通常来说，太阳能光伏电池呈片或膜状生产。而产生的电流则借助于金属结点送给用户。按照如下方法，照射在太阳能光伏电池表面的太阳光能够浸入半导体：可透光的接触结点通常是由按不同布置的狭窄导体条带或者有传导能力的透明层组成。

为了避免反射损失，光伏电池表面是角锥状结构。借助于这种效能，太阳能光伏电池表面将吸纳更多的太阳辐射。

在光伏电池的背面是贯通的导电金属层，这是因为背面没有太阳光照射。

为了能够利用太阳光更宽光谱的能量，在薄膜层技术中采用适合不同光谱段的不同半导体材料依双－堆栈或者三－堆栈轮次排列。这样一来，太阳能光伏电池和太阳能光伏模板的效率能够分别达到34％和28％。

表7-2和表7-3给出了各种不同类型光伏电池间主要特性比较。

不同类型光伏电池间数据比较 **表7-2**

	非晶硅光伏电池	单晶硅光伏电池	多晶硅光伏电池
电池效率(%)	10.5	13	13
模板效率(%)	4.8～6.2	10.2～11.4	5.5～13.5
面积需求(m^2/kW)	14～20	10～14	9～18
输出功率变化的温度系数(%/k)	-0.22	-0.46	-0.43
功率保证期	80%，20a以上	80%，20a以上	75%～95% 20～30a
产品保证期	2～10a	20a	10～30a

单晶硅光伏电池和铜－铟－硒(CIS)光伏电池间数据比较 **表7-3**

	模板效率(%)	模板面积(m^2/kW_p)
厚膜光伏电池		
单晶硅光伏电池	12～17	7～9
多晶硅光伏电池	10～14	8～11
薄膜光伏电池		
铜－铟－硒(CIS)	8～10	11～13
碲化镉(CdTe)	6～8	14～18
非晶硅光伏电池	4～7	16～20

7.3.2 太阳能光伏电池技术

利用太阳能光伏电池技术，可以得到每年100kW·h/m^2的太阳能电力。一个

100kW_p太阳能光伏模板需要大约1m^2的面积。

太阳常数(solar constant)表征到达大气层上界的总太阳能量(即包含整个太阳光谱)值。由于太阳表面常有黑子等太阳活动的缘故，太阳常数并不是固定不变的，一年当中的变化幅度在1%左右。一种定义为：在日地平均距离处，地球大气外界垂直于太阳光束方向上接收到的太阳辐射度，称为太阳常数，用S_0表示：大约$S_0=1350W/m^2$。这一太阳辐射经大气层的过滤作用和气体颗粒流的交换作用，吸收和反射，抵达地表已只有1000W/m^2，即全方位辐射。在中欧的纬度，全方位辐射与季节相关：夏天，每天辐射强度可达0.5$kW \cdot h/m^2$；冬天也足够太阳能光伏电池技术发挥经济效能。

太阳能光伏电池一般为Φ100mm或100mm×100mm的大尺寸单元，绝大多数采用单晶硅基础材料。在实验室测量效率可达14%，作为产品效率为10%～12%。光伏电池可量化电压与材料有关，硅基础材料的一般为0.5V。

7.3.2.1　光伏电池的特征线

光伏电池特征线通过如下几点：

1. 空载电压；

2. 短路电流；

3. 最大功率(电压和电流乘积)。

对于实际应用，空载电压以及当最小功率且标称电压(0.45V)时的电流特别重要。

光伏电池实际应用的效率指的是25℃工况，要考虑光伏电池工作也有温升。高的温升会导致输出功率下降，使效率降低；空载电压和短路电流也会相应增加。

7.3.2.2　晶体硅光伏电池

晶体硅光伏电池模板由硅光伏电池，用玻璃，丙烯玻璃或者箔制成的前后模板盖板组成。整个模板用浇铸树脂或双层箔经压力、高温密封处理。

在硅底板上生产光伏电池有不同工艺方法(单晶硅光伏电池和多晶硅光伏电池)。产品典型色调为深蓝。

1. 单晶硅光伏电池

在单晶硅光伏电池的生产，先使纯净硅碎料熔化，当温度于1400℃时经精密控制提拉出直径约15cm圆柱形单晶硅棒。然后截成0.2～0.4mm的薄硅片——晶片；再切割成10cm、12.5cm或15cm方形，或者再截去尖角。也有生产厂家生产圆形单晶硅片。单晶硅片一般颜色均匀。

2. 多晶硅光伏电池

在多晶硅光伏电池的生产中，熔化了的纯净硅碎料经浇铸成直角硅晶体块成形；冷却后截成薄硅晶片供再加工。在冷却过程中形成不同的大晶粒(crystallite)。因之，多晶硅片不如单晶硅片一般颜色均匀。

在硅太阳能光伏电池上表面除了有类似网格的导体带之外，尚有防反射层。这一仅仅100nm厚的薄层减少了反射，增加了发电潜能。尚保留的蓝光反射形成了太阳能光伏电池表面深蓝偏黑的色调。调整防反射层会产生其他色调，但发电潜力均不如深蓝偏黑的色调。

7.3.2.3　薄膜光伏电池(双一堆栈或三一堆栈电池)

生产双一堆栈或三一堆栈电池涉及非结晶态硅薄膜技术。要想利用太阳光更宽光谱的能量，采用适合不同光谱段的不同半导体材料并依次浸润。

薄膜光伏电池由不同终端材料生产并且非常薄。采用自动工艺，众多晶片通过离析沉淀出气体状非结晶态硅或者其他半导体材料如铜－铟－硒(CIS)或碲化镉(CdTe)薄层，并且在基底(substrate)上经看不见的导电带(如玻璃或金属箔)直接引出。

由非结晶态硅，铜－铟－硒(CIS)或碲化镉(CdTe)薄层制成的模板，在生产过程中消耗的材料和能量均少。由非结晶态硅、铜－铟－硒(CIS)或碲化镉(CdTe)薄层制成的模板的薄膜技术还有另一优势：散射和弱阳光照射时比厚膜晶态光伏模板利用率高。非结晶态硅以及碲化镉(CdTe)薄层制成的光伏模板在高运行温度时的发电功率损失小。此外，薄膜光伏电池比其他光伏电池在抵御阴影遮挡以及形式灵活性方面占优势。

7.3.3 太阳能光伏模板技术

受限于薄膜压膜机，生产太阳能光伏模板通常仅依照标准尺寸：1200mm×600mm。再扩大可借助于玻璃片间的膜压连接，如三重玻璃连接。

7.3.3.1 薄膜光伏模板

薄膜光伏模板基底主要采用玻璃或者可弯曲的抗热材料如金属；前表面采用玻璃或者箔。各层之间用人造材料密封封接。

模板框增加了模板封接的厚度，保护了模板的边角，但提高了价格。从另一方面看，没有模板框却增加了集成入建筑物的造型机动性。

一般来说，薄膜光伏模板由100个以上单独的薄膜光伏电池串联连接。

7.3.3.2 薄膜光伏模板造型——颜色

太阳能光伏模板的颜色由如下因素确定：

1. 包括的光伏电池的颜色；
2. 彩色后衬玻璃；
3. 防气候变化袭击的瓷质丝网印刷压装；
4. 彩色箔的应用。

当然，也可以用简单的方法：在上盖玻璃上喷砂，产生淡蓝不透明的模板上表面。

7.3.4 太阳能光伏模板连接

太阳能光伏模板连接按照选择的系统由不同部件组成：

1. 太阳能光伏模板；
2. 直流/交流逆变器；
3. 连线。

7.3.4.1 直流/交流逆变器及布线

太阳能光伏设施的主要组成部分：太阳能光伏模板；将光伏模板产出的直流电变换成230V/50Hz的交流电的直流/交流逆变器；光伏模板间，光伏模板与直流/交流逆变器间的连线。除此以外，还有各种不同的开关线路设施(提供服务的空闲开关线路，火灾时的自动紧急断路设施)以及保险设施和雷电保护设施均是所要求的。进一步说，根据系统类型不同还有所需设施的变化。

图7-11所示为直流/交流逆变器主要组成的方框图(尚未包括输出变压器)。

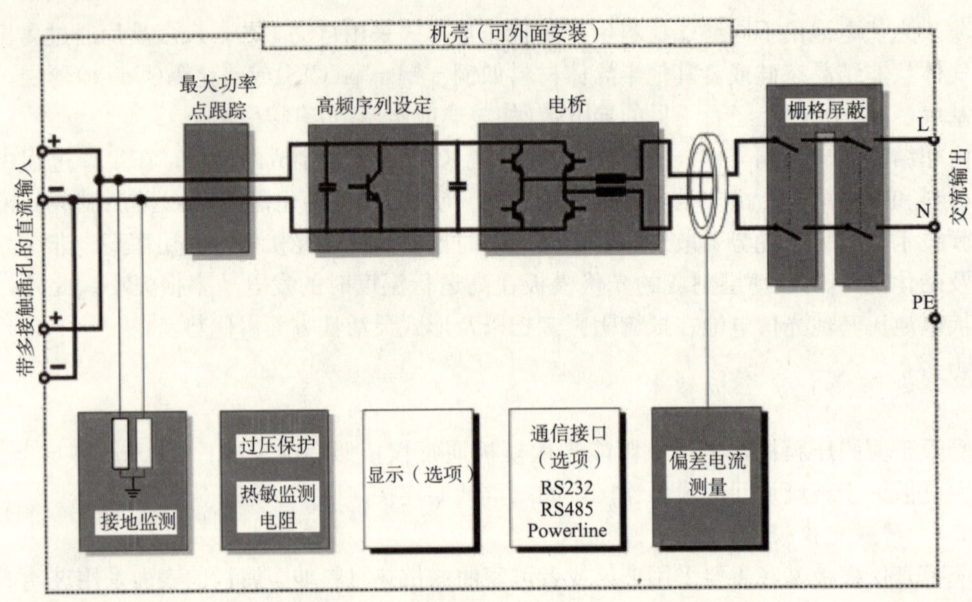

图 7-11　直流/交流逆变器的主要组成方框图

(来源：SMA)

从图 7-11 可以看出直流/交流逆变器的主要功能组成部分包括：输入部分、最大功率点跟踪(MPP)单元、DC/DC 变换器(高频序列设定)、开关电桥、输出电流监测(保护功能)、栅格屏蔽保护；主要控制部分包括：接地监测、显示选项、过热保护和过电压保护、通信接口(RS232 等)。

由功率电子器件制成开关电桥是直流/交流逆变器最主要的功能组成部分。连接公共电网时，多采用可控硅(Thyristor)元件电桥；而对于自交换情况，往往采用金属氧化物场效应管(MOSFET)元件电桥，其线路连接被分别示于图 7-12(*a*)、(*b*)。

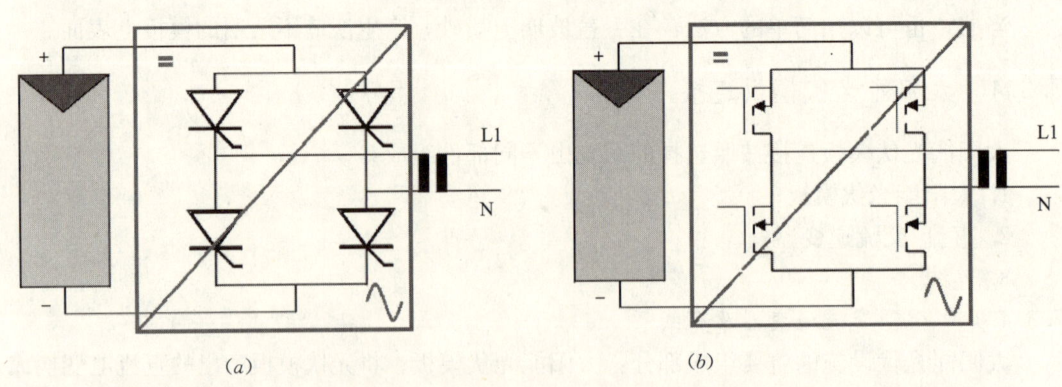

图 7-12　开关电桥

(来源：SMA)

(*a*)可控硅(Thyristor)元件电桥；(*b*)金属氧化物场效应管(MOSFET)元件电桥

逆变器可以有不同的选项，比如说：当整个太阳能光伏模板面积上接收日照均匀，则首选集中型直流/交流逆变器；当整个太阳能光伏模板面积上有不同的太阳光辐射，基于调整连线容易，采用分散型直流/交流逆变器。另外，这种分散型直流/交流逆变器还可以用在当建筑物一期工程安装光伏设施，后期工程光伏设施扩容的情形。鉴于直流/交流逆变器会有2%～5%的功率作为热损失，直流/交流逆变器应当尽可能地安装在凉爽并有热保护的地点。

近期，有供应商可以提供将直流/交流逆变器和太阳能光伏模板集成在一起的设备，太阳能光伏模板直流端间连线则没有必要了。

为了正确选择直流/交流逆变器，无论如何要作效率的比较。一般地说，工作在最大功率75%左右效率最高。如果从用户方面功率摄取忽大忽小地波动，对效率影响最糟糕。这种直流/交流逆变器不适合为太阳能光伏系统直接供电，这是因为即便空载也有较高能量消耗。此时，应当安排自动控制：用户方面没有功率需求时，自动切断直流电压网的连接。

一个合适的直流/交流逆变器应当显现出：在仅仅部分负荷工作时，也有高的效率；低空载电流和低自耗以及低运行噪声。一台直流/交流逆变器应当连续自动跟踪光伏电压产生器的最大功率点(Maximum Power Point，MPP)，并且提供不止一个独立接通和断路功能。

直流/交流逆变器除了要让工作高效之外，输出交流信号也很重要。特别是交流与公共电网联网情况下，必须符合供电局的要求：由光伏电压产生器产生的直流电压应当经直流/交流逆变器转换成与公共电网电压相符的交流电压。

在光伏设施中，大部分直流/交流逆变器产生直角形输出信号。直流/交流逆变器要产生如同电网上的正弦波信号，肯定花费贵出许多。如若直接接通的用户一定要求如同电网上的正弦波信号，则必须安装一台输出信号最近似电网的正弦波直流/交流逆变器。市场上可提供的直流/交流逆变器的输出信号可以分为如下几种：

1. 直角形输出信号；
2. 带有较粗台阶的梯形输出信号；
3. 通过增加台阶数目的近似正弦波信号。

图7-13简单示出三种直流交流逆变器的输出信号。

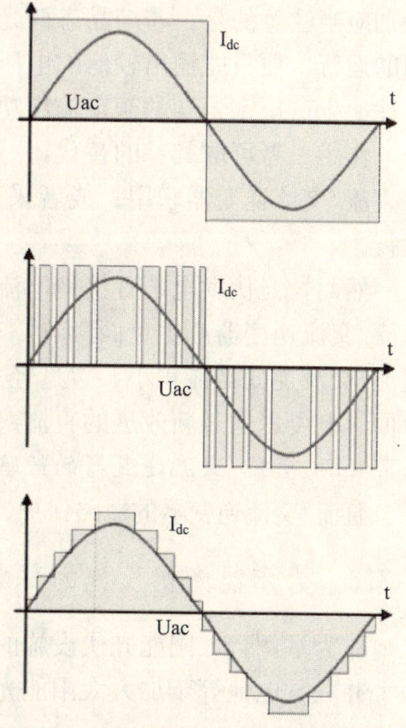

图7-13　直流交流逆变器的输出信号
(来源：SIMENS)

直流/交流逆变器并网可依如下方式：

1. 自主导入；
2. 外界导入；
3. 借助于高频变压器。

对一个并网的直流/交流逆变器有如下要求：

1. 满足法律以及供电局方面的规定条款；
2. 安全：直流边和交流边之间不产生任何漏电；
3. 能切断电网的绝缘检测和线路安全切换；

4. 高次谐波和无功功率的限制；
5. 高效率，在部分负荷时亦如此；
6. 最大功率跟踪；
7. 过载保护；
8. 无须维护。

这里所要求的短路和过载保护将在直流/交流逆变器的输出端通过一个通常的保险自动继电器装置或者为了更好地保护直流/交流逆变器中的功率半导体器件采用超快速熔断器来实现。

7.3.4.2 薄膜光伏电池用直流/交流逆变器

薄膜光伏电池技术处于光伏发电的前沿，薄膜光伏电池技术对直流/交流逆变器有特殊的要求。这是由于薄膜光伏电池与晶体硅光伏电池的不同特性：薄膜光伏电池提供更宽的电压范围；在光伏电池低温时设定的最大空载电压与最低 MPP 电压之比在其处于高温时下降特别明显。

当薄膜光伏电池模板与直流/交流逆变器一起工作时，必须考虑更高输入电压范围。特别应当注意的是：非结晶态硅光伏模板在物理功能老化上处于劣势，甚至于经过一段时间的运行，便只能输出较低的电压。这也正是薄膜光伏电池模板刚开始工作时的输出功率往往比生产厂家告知的额定输出功率高的原因。

作为二者可取其一的替代，一些生产厂家建议：薄膜光伏电池模板与带有输出变压器的直流/交流逆变器联用；或者采用具有固有接地负极的无变压器的直流/交流逆变器来运行。

然而，光伏发电装置接地电流线路的通断会对另外的具有固有接地负极的无变压器的直流/交流逆变器产生负面影响。有些生产厂家已经对此问题有所回应：因为无变压器的直流/交流逆变器体积小，重量轻并且效率高，应当与薄膜光伏电池模板一起工作。上述负面影响可以通过新改进的直流/交流逆变器线路予以降低。

7.3.4.3 直流/交流逆变器的短路保护、过载保护和接触保护

直流/交流逆变器的短路保护、过载保护和接触保护必须区分直流边和交流边予以安置。

7.3.5 太阳能光伏设施的蓄电池和负荷调节器

作为举例，太阳能光伏设施的蓄电池和负荷调节器分别如图 7-6 的(b)和(a)所示。

并联蓄电池等于加大太阳能光伏设施蓄电池的容量 Ah；串联蓄电池等于加大其输出电压。

运行带有蓄电池的太阳能光伏设施必须要配置负荷调节仪器。负荷调节器能够实现对蓄电池的均匀充电，即避免深度充电和过度负荷，进而延长蓄电池的寿命。

一个好的纵向串联负荷调节器显示出良好保护功能，比如气化调控功能等，得以保护太阳能光伏电池以及蓄电池。采用两点负荷调节器，能在过度负荷时切断太阳能光伏电池与蓄电池间的连接。

7.3.6 断路和接通

依照德国国家标准(DIN VDE 0100-712)，设施输出端要求有负荷断路器。为了保护

太阳能光伏设施直流/交流逆变器也必须安置负荷断路装置，借以使直流/交流逆变器的直流侧和交流侧都能够无危险、无过渡电压地断路。另外，在德国国家层面上，标准(DIN VDE V 0126-1-1)也要求供电局在电网输出口安置负荷断路装置。同样，在和电网并联的自生电源(如太阳能光伏设施)与公共低压交流电网之间要安置安全保护装置，以期监视电网并能切断输送至公共低压交流电网的设施。简而言之，采用两个彼此独立的串联电网切断设施来监测电网。

7.3.6.1 直流/交流逆变器交流侧的切断保护

在德国国家标准(DIN VDE 0100-537)中所列的所有设施，比如功率保护开关、带有切断功能的功率开关、保险器、带有负荷断路器的保险器、偏差电流保护设施以及供电局使用的切断保护设施均可以用于直流/交流逆变器交流侧的切断保护。

7.3.6.2 直流/交流逆变器直流侧的切断保护

在德国国家标准(DIN VDE 0100-537)中所列的所有设施，比如功率保护开关、带有切断功能的功率开关、带有或者没有负荷断路器的保险器、只要具有负荷切断保护功能均可以用于直流/交流逆变器直流侧的切断保护。

7.4 太阳能光伏设施系统的接线设计和规格

7.4.1 太阳能光伏系统的接线设计

众所周知，串联太阳能光伏电池会增加输出电压；而并联太阳能光伏电池能增加输出电流。在这样一个串并联网上的一个电池环节如果出了故障(甚至坏死)，则整个链条输出功率会下降。作为预防措施可装置一只旁通二极管，对有问题的光伏电池予以弥补。实际上，经常让多个光伏电池用一个旁通二极管来弥补。如果多个光伏电池模板串联运行，每块光伏电池模板两端钮应当反并联一只旁通二极管。此旁通二极管的最大电流和截止电压至少应等于光伏电池模板的电流和电压值，通常采用3A/100V的整流二极管。

太阳能光伏系统除了极少数应用于计算器和手表的以外，都用蓄电池。此时，即便太阳能光伏系统没有电流输出，也可以依蓄电池额定电压工作。与此同时，一台负荷调节器可以确保太阳能光伏系统包括光伏电池、蓄电池、用户设施等安全平稳地运行。

太阳能光伏系统的第四个重要部件——直流/交流逆变器使太阳光伏系统可以保证对交流230V/50Hz用户供电。在自给自足的独立光伏系统中，直流/交流逆变器的类型和规格由所连接的用户来确定。

7.4.2 与电网耦合的太阳能光伏系统的接线规格

与电网耦合的太阳能光伏系统的接线规格是由导线负荷能力特别是布线类型、周围环境温度的相关性决定的(详细规定按DIN VDE 0298 4计算)。尽管有过电流保护设施，仍要特别注意导线和电缆由短路或者过载引发的过电流的可靠性。可以按照预估焦耳积分(Evaluation of the Prospective Joule Integral)来评价导线和电缆短路承受能力限度。DIN VDE 0636 201的表H有如何设定相应过电流保护限值的详细介绍。

7.5 太阳能光伏设施安装实施规范

通常，太阳能光伏设施被安装在屋顶。此时，首要的要求是此安装要经得住暴风雨的考验。实际上，有如下太阳能光伏设施屋顶安装方式：

1. 坡屋顶上；
2. 坡屋顶内；
3. 平屋顶上；
4. 平屋顶内；
5. 作为光照屋顶。

这其中最简单的安装属坡屋顶上的实施：在瓦的平面上或者固定在瓦上。图 7-14 所示为安装在坡屋顶上的太阳能光伏模板。

对于平屋顶，需用特殊的安装支架。

而与安装在屋顶不同，太阳能光伏模板安装在前立面；或是斜着，如同一个前檐屋顶还兼遮阳及气候保护功能；或者作为前立面构件的替代品。

太阳能光伏模板安装尚有其他安装变种：

1. 于前立面前；
2. 作为制冷/制热前立面；
3. 还兼作遮阳保护。

7.5.1 太阳能光伏模板的安装

7.5.1.1 太阳能光伏模板坡屋顶安装

太阳能光伏模板安装在坡屋顶上会遇到一个问题：夏日炎炎，恰逢光伏电池出力佳季，也正值气温高之时。此时，实现装在坡屋顶上的光伏电池后面的通风显得特别重要。否则，轻则导致输出功率下降，重则毁坏光伏电池。图 7-15 所示为太阳能光伏模板在坡屋顶的安装，留有至少 5cm 后通风空间。

除此之外，有的情况下还需要安装框和支架来固定太阳能光伏模板。

图 7-14 安装在坡屋顶上的太阳能光伏模板
(来源：SUNSET Energietechnik GmbH)

图 7-15 太阳能光伏模板在坡屋顶的安装留有后通风空间
(来源：Wagner & Co. Solartechnik GmbH)

7.5.1.2　太阳能光伏模板坡屋顶集成

“太阳能光伏瓦”将太阳能光伏模板和具有防水、防天气变化功能的瓦集于一身。图 7-16 所示为太阳能光伏瓦及其在屋顶的安装。

(*a*)

(*b*)

图 7-16　太阳能光伏瓦及其屋顶安装

(来源：solarserver)

(*a*)384 太阳能光伏瓦集成于 26m² 屋顶面积上，年产电 1500kW·h；(*b*)太阳能光伏瓦及安装细部

7.5.1.3　太阳能光伏模板平屋顶安装

大型项目平屋顶安装太阳能光伏模板的日渐增多：图 7-17(*a*)所示为深圳安装的我国最大太阳能薄膜光伏模板设施，输出功率达 1.5MW_p；图 7-17(*b*)所示为 Gazeley 公司出租其在西班牙 Ontigola 分公司 24000m^2 屋顶(25 年)给 Solergy AG 安装太阳能光伏模板。

(*a*)

(*b*)

图 7-17　太阳能光伏模板平屋顶安装

(来源：DUPON 及 Solergy AG)

7.5.1.4 太阳能光伏玻璃前立面

幕墙的多重功能，包括太阳能光伏模板集成入建筑物前立面有众多形式。太阳能光伏玻璃与铝框架组合成前立面将电能产生、节能低碳与建筑美学融为一体。有不同的尺寸、色彩和透明度的选择。金属结构件易于安装。如此被称为“SYSTAIC”的整体设计日渐兴隆。

图 7-18 所示为装有太阳能光伏玻璃前立面的建筑。

图 7-18 太阳能光伏玻璃前立面
(来源：ONYX SOLAR)

7.5.2 建筑物太阳能光伏模板安装防雷保护

建筑物太阳能光伏模板安装防雷保护和接地保护按照德国国家标准(DIN VDE 0855)进行。对于现在已安装防雷保护的建筑，应当使太阳能光伏模板固定框架依最短路径与防雷保护连接。不然的话，应让太阳能光伏模板固定框架依最短路径通过接地线与此建筑有导电能力的部分相接。在建筑物的电势平衡层和光伏模板固定框架结构件之间安装一电势平衡导线。另一方面，太阳能光伏模板固定框架与其他隔开的部分同样应实现电势平衡。

7.5.2.1 建筑物上太阳能光伏模板的过电压保护

太阳能光伏模板过电压保护设施的目的在于使电气安装和运行安全：在发生损毁之前借助瞬间过电压予以保护。

易于被雷电损毁的设施包括：

1. 火警信号装置；
2. 太阳能光伏设施；
3. 数据处理设施；
4. 无线电广播设施。

甚至由此可能引发严重负面影响。

外部环境引发过电压主要是雷电造成非常大的瞬间过电压——可达 1000kV/μs 或者更高。过电压保护设施比如：Z_nO 材料电阻(伏一安特性近乎理想)无火花隙过电压避雷器能释放雷电或释放电力系统操作过电压能量，保护电气设备免受瞬时过电压危害，又能截断续流，不致引起系统接地短路的电气装置。避雷器通常接于带电导线与地之间，与被保护设备并联。当过电压值达到规定的动作电压时，避雷器立即动作，流过电荷，限制过电压幅值，保护设备绝缘；电压值正常后，避雷器又迅速恢复原状，以保证系统正常供电。

7.5.2.2 建筑物上太阳光伏模板过电压保护方案

装在建筑物上的太阳光伏模板安装过电压保护和接地保护可以采用如下方案：

1. 没有装建筑物外避雷针的装在建筑物上的太阳能光伏模板安装过电压保护和接地保护，如图 7-19(*a*)所示；

2. 装有建筑物外避雷针且保持安全隔离距离的装在建筑物上的太阳能光伏模板安装过电压保护和接地保护，如图 7-19(*b*)所示；

3. 装有建筑物外避雷针但没有保持安全隔离距离的装在建筑物上的太阳能光伏模板安装过电压保护和接地保护，如图 7-19(*c*)所示。

安全隔离距离 s 一般保持大于 0.5m。

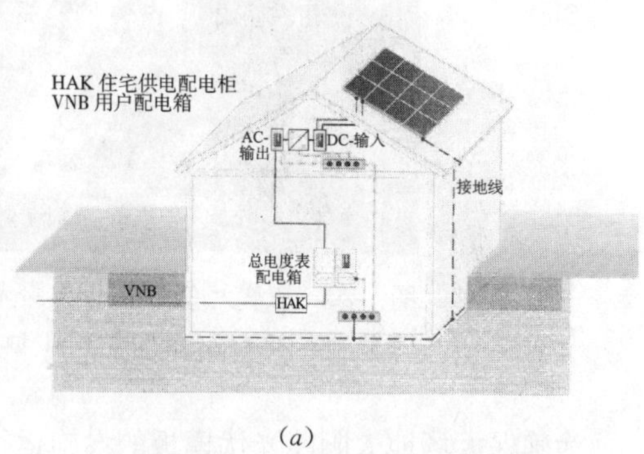

(*a*)

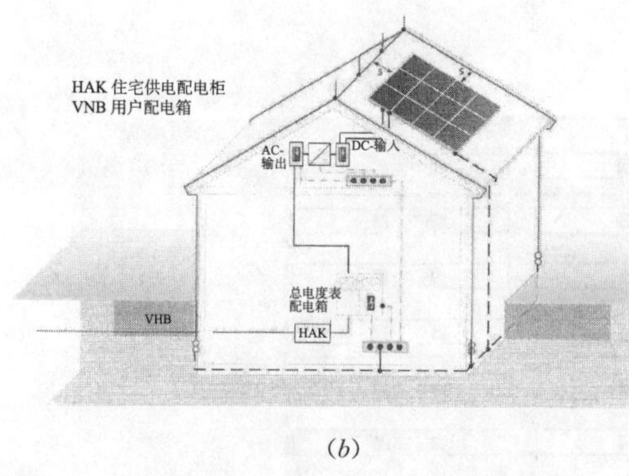

(*b*)

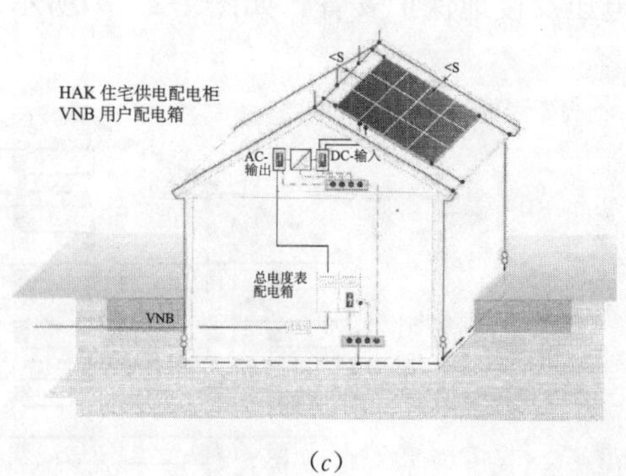

(*c*)

图 7-19 装在建筑物上的太阳能光伏模板安装过电压保护和接地保护的方案
(来源：DEHN + SöHNE)
(*a*)没有装建筑物外避雷针；(*b*)装有建筑物外避雷针且保持安全隔离距离；
(*c*)装有建筑物外避雷针但没有保持安全隔离距离

7.5.3 空旷地太阳能光伏模板的安装及防雷保护

空旷地安装太阳能光伏模板的规模与日俱增：2005 年平均输出功率仅为 1.1MW$_p$，在 2006 年高至 2.4MW$_p$。2009 年报道的世界最大场地安装太阳能光伏模板是德国莱比锡附近的"Waldpolenz"，安装了 55×10^4 个薄膜光伏模板，发电能力 40MW$_p$。整个场地如 220 个足球场那样大。另据 2010 年 10 月 4 日报道：加拿大 Ontario 世界最大场地太阳能光伏模板投入使用，其共安装了 130×10^4 个薄膜光伏模板，发电能力 80MW$_p$，占地面积 950 英亩(acres)，每年可发电大约 120000MW·h，减少 CO_2 排放 39000t，如图 7-20 所示。

图 7-20 加拿大 Ontario 世界最大场地太阳能光伏模板投入使用
（来源：Enbridge Inc. 及 First Solar，Inc.）

为确保大场地太阳能光伏模板的设施运行安全，安装过电压保护和接地保护必不可少。

1 公顷＝$10^4 m^2$

这里介绍面积约 $3hm^2$ 的场地太阳能光伏模板安装设计，如图 7-21(*a*)所示；相应防过电压及接地保护安置，如图 7-21(*b*)所示。

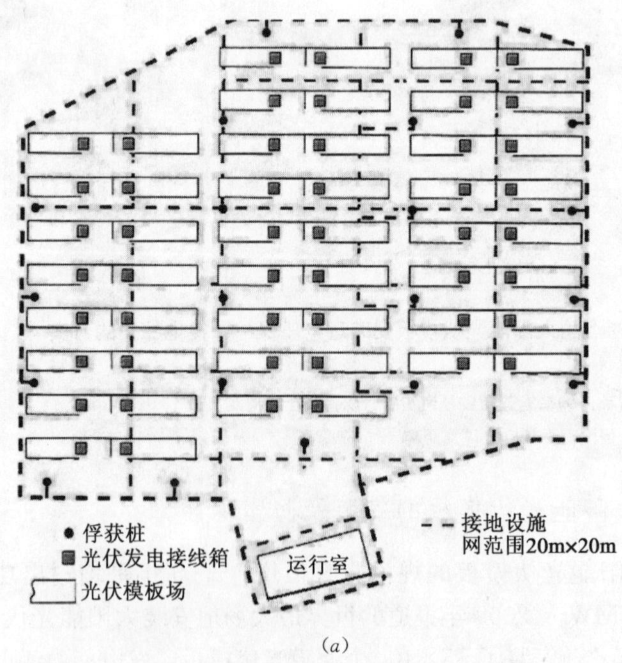

(*a*)

图 7-21 场地太阳能光伏模板的安装及防雷保护（一）

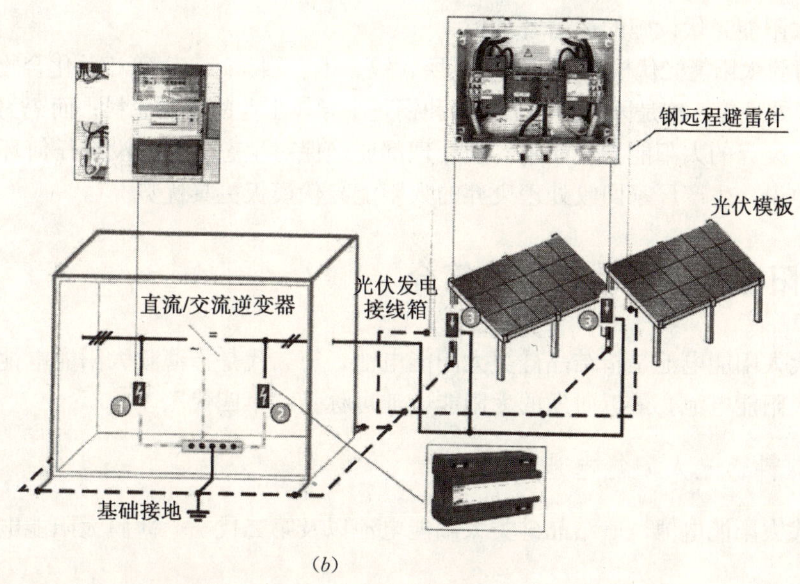

图 7-21 场地太阳能光伏模板的安装及防雷保护（二）
（来源：DEHN + SöHNE）

7.5.4 太阳能光伏模板的跟踪系统

太阳能光伏模板安装跟踪系统可以让太阳能光伏模板追逐日光运行，可使其每年出力增加 30%。安装的跟踪系统有单轴和双轴跟踪系统两种，如图 7-22 所示。

图 7-23 所示为场地太阳能光伏模板安装跟踪系统。实际上，跟踪系统也可以安装在建筑物的屋顶运行。

图 7-22 双轴跟踪系统示意图
（来源：LINAK）

图 7-23 场地太阳能光伏模板安装跟踪系统
（来源：Solar-Traxle）

7.6 太阳能光伏模板的再循环

尽管目前在德国尚没有将废弃的太阳能光伏模板包括在 2005 年 4 月 27 日生效的《废弃小型电子仪器处理无偿回收法》(ElektroG)之中，但废弃的一般太阳能光伏模板被当作垃圾前应当做预先热处理。

晶体硅太阳能光伏模板含有大量人造材料，预先热处理可以使其含量大大减少。处理花费应由太阳能光伏设施的运营者承担。

至于薄膜太阳能光伏模板，必需对其所含镉、铟、硒、碲、铜等相关化合物预处理才能当作为垃圾处理掉。这是因为铟、硒、碲和铜是半导体工业的重要原料；而镉为有毒物质。

所有对废弃的太阳能光伏模板的预处理都要确保对生态无害，没有任何环境污染。

一般地说，生产厂家回收处理废弃的太阳能光伏模板更具优势。

7.7 太阳能光伏电池新进展简介

第一代太阳能电池是指结晶硅类太阳能电池，第二代是指薄膜太阳能电池，第三代为染料感光太阳能电池。最近研发的太阳能电池可称为“第四代”。

7.7.1 染料感光太阳能电池

第一代太阳能电池——结晶硅类太阳能电池以及第二代——薄膜太阳能电池前面已有详细介绍。

第三代太阳能电池(Dye-sensitized solar cell，DSSC)模仿光敏电阻，采用一种含有钌(ruthenium)离子的染料，其本质上如同叶绿素那样能够吸收可见光。此染料应用到二氧化钛(titania)半导体纳米晶体，二氧化钛从钌离子染料中拉拽电子并将电子驱赶到外电路。

此种光伏电池结构类似三明治：在透明电极间是 10μm 厚染料涂层(二氧化钛膜)。紧密封装的纳米晶体形成光伏电池具有最大光吸收能力的多孔膜。两层透明电极间的空隙充以碘离子电解质液体。碘离子用以补充由光子作用撞击出染料的空缺。两层电极连接供外电路负载。

图 7-24 所示简单描述了钛—钌染料涂层光伏电池的结构。

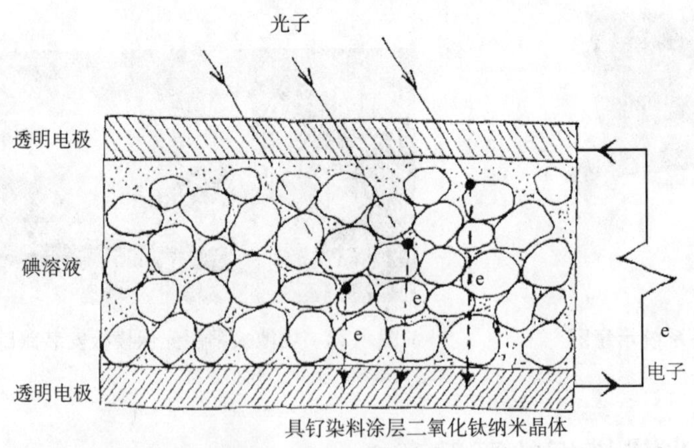

图 7-24 钛－钌染料涂层光伏电池的结构
(来源：P. F. Smith)

钛—钌染料涂层光伏电池的能量转换效率在直接太阳光照射下大约是 10%；但在漫散射下效率却能增加到 15%。这样一来，使得钛—钌染料涂层光伏电池特别适用于高纬度地区。

钛一钌染料涂层的成本仅为结晶硅类太阳能电池的 20%。也许还会降低，据称：因为澳大利亚最近发现了钛的巨大沉积矿层。

透明光伏电池是将建筑物前立面集成光伏电池的最好解决方案。这就意味着：仅仅吸收光谱的红外线区就可以产生巨大电力。借助透明染料涂层吸收光谱的不可见部分可以实现。

染料感光太阳能电池技术的开发者是 Michael Gratzel 和 Brain O'Regan(University of Lausanne)。

7.7.2 适合建筑物的最新太阳光伏电池

据 2011 年 1 月报道(January 6，2011 By Cath Harris)：英国 Oxford 大学研究一种光伏电池技术：用便宜、无毒、无腐蚀的材料生产太阳能电池并且扩展到任意范围的应用：这种光伏电池可以印刷喷涂到玻璃或者其他表面，具任意颜色，如图 7-25 所示；是新建筑物融合太阳能光伏电池技术进入玻璃、前立面、墙体的理想选择。

图 7-25 最新 Oxford 光伏电池
(来源：Oxford University)

薄膜太阳能电池(包括非结晶硅太阳电池，CdTe 和 CIGS 电池)多采用稀有材料。染料感光太阳能电池具有液体电解质易挥发的缺点。Oxford 太阳能电池技术应用固态有机半导体，允许将其印刷喷涂到玻璃或者其他表面，以绿色表面效果最佳。Oxford 太阳能电池技术可使现今最廉价的太阳能电池生产成本再降低 50%。

Oxford 太阳能电池技术的开发者是 Dr Henry Snaith(Oxford University's Department of Physics)。

7.8 太阳能光伏技术和城市规划

7.8.1 城镇建筑物和太阳能光伏技术

城镇提供给光伏技术的开发一个理想契机：高电能需求量；高潜能的光伏设施聚集；高水平基础设施对光伏发电的支撑。有理由估计：安装在建筑物墙、立面和屋顶上的光伏模板发电总量有望达到其需求量的 25%。

然而，在城市中广泛采用光伏模板尚取决于人们对由此而引发的视觉变化的接受程度；特别是有历史积淀的城镇地区，目前确实还存在不少障碍有待克服，建筑物设计方案也不得不修改再三。

7.8.2 城镇建筑物采用太阳能光伏技术的效率因素

对于在某个地点的建筑物采用光伏技术的有效性取决于如下因素：

1. 在恰当一致的屋顶高度紧凑开发设计是屋顶安装光伏模板的理想模式；

2. 建筑物朝向是一个重要的因素；

3. 城市中某一更加开放的核心交汇点更适合建筑物前立面光伏模板的设计安装：此时要特别强调无遮挡，注重季节日照的变化。

7.8.3　城镇太阳能光伏技术应用举例

7.8.3.1　水城的太阳能光伏新貌

接近荷兰 Amersfoort 市，新城 Nieuwland 拔地而起。此被称为“水城”的旧地已经成为世界第一“太阳能光伏城”。安装光伏模板成为全城约 5000 幢居住建筑物中每一座的标志，也给这座水城平添了多彩一瞥，如图 7-26 所示。

图 7-26　世界第一“太阳能光伏城”——新城 Nieuwland——光伏与设计

（来源：Amersfoort-Nieuwland）

新城 Nieuwland 安装的光伏模板总计可提供发电能力 1.3MW_p。

7.8.3.2　新城 Nieuwland 城市规划

由 GOOGLE 航拍图(如图 7-27 所示)可视新城 Nieuwland 鸟瞰。1.3MW_p 光伏项目坐落于图 7-27 的左上角部分。

图 7-27　Nieuwland 全城鸟瞰

（来源：GOOGLE 航拍）

7.8.3.3　新城 Nieuwland 建筑设计

新城 Nieuwland 大约新建了 4500 幢住宅。“水城”最后一块建设用地位于高速公路旁。住宅依红色标志，如图 7-28 所示。

图 7-28　新城 Nieuwland 建筑设计

（来源：Amersfoort-Nieuwland）

此地段具有特殊情况：有5m高坡度，最低处为基面，路在上部。因此，特殊情况要求特殊建筑设计。安排客厅在第一层，这样一来，可有极好的水景景观并可在客厅安置面水观赏廊；寝室和书房安排在地面层；二层是入口、门厅、一个大房间和停车位。停车位可经一小桥抵达。

大约4m²透明光伏模板装在这些住宅的屋檐上方。因为采用透明光伏模板，建筑物北面也能安装。

7.8.4 应用太阳能光伏技术的城市规划考量

7.8.4.1 天空可视因子

依照英国剑桥大学马丁中心(Martin Center of Cambridge University，UK)的评估：天空可视因子(Sky View-Factor，SVF)，是量度大规模安装太阳能光伏设施运行效率的首要因素。天空可视因子给出建筑物间空间尺度并标识在任意地点(位于大街或者屋顶之上)可视天空的大小：完全无阻挡定义为1。

图7-29给出两个例子：希腊雅典中世纪城区(SVF＝0.68)；意大利Grugliasco市区(SVF＝0.82)。

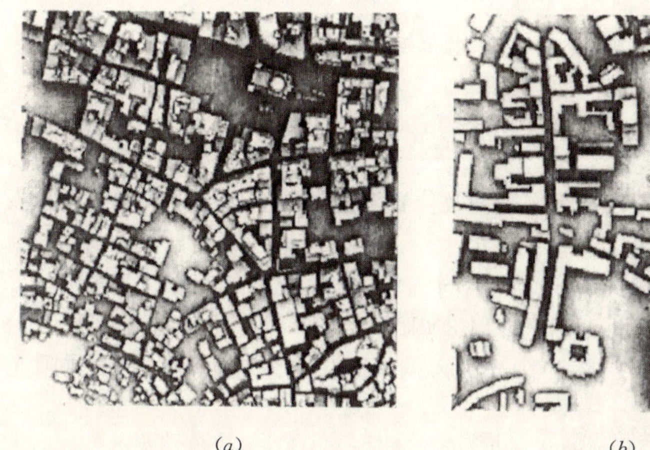

(*a*)

(*b*)

图7-29 天空可视因子

(来源：英国剑桥大学马丁中心)

(*a*)希腊雅典中世纪城区(SVF＝0.68)；(*b*)意大利Grugliasco市区(SVF＝0.82)

在这两个图中，灰度标识可视天空的大小：完全白色为1。雅典中世纪城区中，大街灰度高，很难在前立面上集成光伏模板。而意大利的例子中，屋顶和大街相对来说遮挡较少，可以在立面上集成光伏模板。

7.8.4.2 表面积与体积的比(体形系数)

在建筑物表面(屋顶或前立面上)安装光伏模板的可行性往往取决于表面积与体积之比(建筑物体形系数)。

显然，比值大的，更适于在立面上集成光伏模板(但在高密度市区建筑物彼此之间互相遮挡严重，失去了这一优势)；比值小的，适于在屋顶安装光伏模板。

7.8.4.3 建筑物间距离及建筑物高宽比

综上所述，建筑物间距离是确定是否在建筑物立面上集成光伏模板的重要因素。

图 7-30 所示为三种平面朝向和三种楼高街宽比的组合。

如图 7-30 所示：具有东西立面的大街提供最低阳光进入的全方位有效性；对角线布局具最佳阳光进入的全方位有效性。然而，总体上，建筑物朝南坐向、建筑物间空间宽阔特别适合立面上集成光伏模板。宽街和城市广场给予光伏模板最多机会。

密集的市中心结点适合屋顶安装太阳能光伏模板。

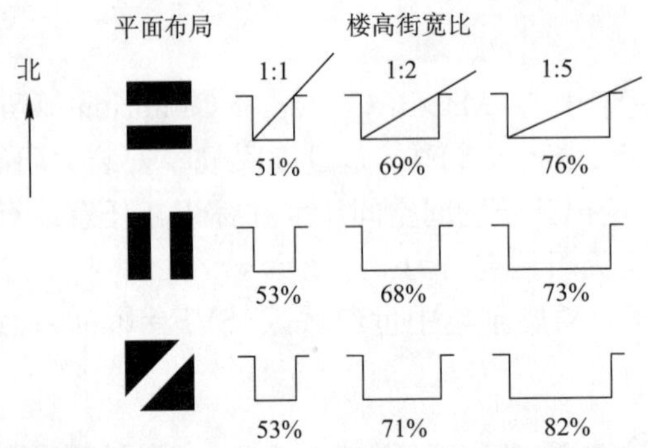

图 7-30 三种平面朝向和三种楼高街宽比的组合与太阳光的进入

(来源：英国剑桥大学马丁中心)

7.8.4.4 建筑物类型及位置

同样容积率(plot ratio)，建筑物类型及位置对建筑物立面上集成光伏模板发挥效率程度的影响亦各不相同。

图 7-31 所示为几个欧洲不同地点(不同气候条件)城市具有相同容积率 1.7 的城区，不同建筑物类型，比较年接收太阳光辐射 $800kW \cdot h/m^2$ 以上建筑物立面所占百分比。

如图 7-31 所示：独立式(塔式)阳光进入的全方位有效性最低；台阶式阳光进入的全方位有效性最佳。

7.8.4.5 建筑物安装光伏设施有效性小结

建筑物安装光伏设施的全方位有效性取决于多种因素。

比如，平屋顶最适合市中心，再加上无阻挡的灵活性，安装光伏设施的全方位有效性堪称首选。

安置光伏模板于屋顶，朝向、倾角以及美学因素，所有这些都必须在考虑之中。

反射光也是对光伏模板有用的能量补充。市中心高楼大厦林立，立面反射为对面高楼的集成光伏模板提供了巨大散射光。这时，朝向就显得并非那么重要了。

如今，玻璃幕墙建筑遮阳已经很普通。这里也是集成光伏模板的一个机会。在办公大楼大修过程中集成光伏模板进入建筑物立面将是花费有效之举。

在历史保护区集成光伏模板变得十分敏感。新一代薄膜太阳能光伏电池会让集成光伏模板与保护历史遗迹不再相左。

城区 容积率=1.7	地理位置	年接收太阳光辐射800（kW·h/m²）的建筑物立面所占百分比
庭院式	 Athens	30%
	Torino	17%
	Fribourg	6%
	Cambirdge	2%
	Tronheim	24%
独立式	 Athens	13%
	Torino	4%
	Fribourg	1%
	Cambirdge	6%
	Tronheim	39%
板式	 Athens	39%
	Torino	23%
	Fribourg	7%
	Cambirdge	2%
	Tronheim	39%
台阶式	 Athens	50%
	Torino	38%
	Fribourg	11%
	Cambirdge	2%
	Tronheim	14%

图 7-31 几个欧洲不同地点(不同气候条件)城市具有相同容积率 1.7 的城区，不同建筑物类型，比较年接收太阳光辐射 800kW·h/m² 以上建筑物立面所占百分比

(来源：英国剑桥大学马丁中心)

8 太阳能光伏发电还是太阳热能发电？

8.1 问题的提出

太阳热能发电系统(集热器、热存储器和发电调控设施)，或者是太阳能光伏发电系统(光伏模板、蓄电池组；当产出电能欲汇入电力网，尚需能将直流电转换为交流电的逆变器)，这些系统全都涉及将太阳辐射转换成人们使用最方便的电能。

太阳热能发电设施和太阳能光伏发电设施究竟哪一个更好？两种设施如图 8-1 所示。

图 8-1 太阳热能发电设施和太阳能光伏发电设施

8.2 优点比较

8.2.1 太阳热能发电设施的优势

相比太阳光伏发电设施，太阳能热能发电设施的优点在于：

1. 太阳能利用的效率高：太阳能集热器效率达 70%，光伏电池效率最高 12%，实际平均仅 10%；
2. 太阳能集热器成本仅是光伏电池成本的 20%；
3. 大规模热存储器已经处于实用阶段；
4. 发电容量相对大；
5. 占地面积相对小。

8.2.2 太阳能光伏发电设施的优势

相比太阳热能发电设施，太阳能光伏发电设施的优点在于：

1. 直接从太阳能到电能转换，不再需要庞大的机械发电机系统；
2. 光伏模板阵列安装迅速，规模大小可因地制宜；
3. 光伏模板发电靠的是光伏效应而不是热，因此能够全年工作；
4. 对环境的直接影响最小化；
5. 无需系统制冷用水；
6. 光伏模板发电不产生任何副产品。

8.3 应用领域比较

8.3.1 太阳热能发电设施和太阳能光伏发电设施的工作领域

太阳热能发电设施和太阳能光伏发电设施的工作领域实际上重叠之处并不多。图 8-2 展现了依安装容量和年全方位太阳光辐射太阳热发电设施和太阳光伏发电设施的工作领域。

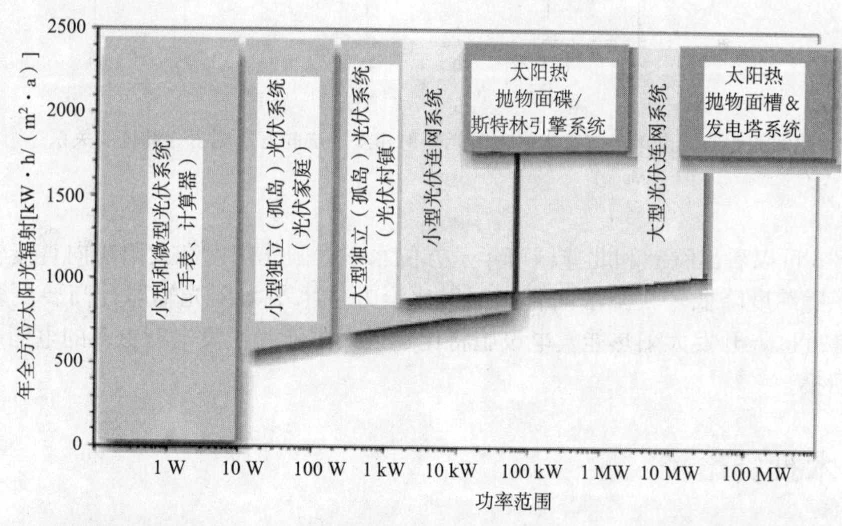

图 8-2 依安装容量和年全方位太阳光辐射太阳热能发电系统和太阳能光伏发电系统的工作领域
（来源：V. Quaschning & M. B. Murie）

太阳能光伏电池依模板形式构成发电设施可以工作在从几瓦一直到 10MW（2011 年最新报道超过 10MW）；从孤岛系统到连接公共电网系统（详见第 7 章）。

太阳能热发电设施工作领域分成两部分——抛物面碟/斯特林引擎系统和抛物面槽或者太阳能发电塔系统（详见第 6 章）。

单体抛物面碟/斯特林引擎系统一般工作在千瓦（kW）量级。最新报道抛物面碟/斯特林引擎阵列场可达兆瓦（MW）。抛物面槽或者太阳发电塔系统都工作在兆瓦（MW）近 GW 量级。

年全方位太阳光辐射包括太阳直接辐射和散射两个部分。当云遮日，仅有散射光。太阳热发电设施仅工作在太阳直接照射时；太阳能光伏发电设施在散射光条件下也可以工作。

8.3.2 太阳热能发电设施和太阳能光伏发电设施的地域分布

在欧洲的北部和中部太阳直接辐射相对来说较少，安装太阳热能发电设施显然意义不大。在欧洲的南部太阳直接辐射占主导地位，安装太阳热发电设施顺理成章。

图 8-3 清晰地展示了在欧洲和北非城市年全方位水平太阳光辐射和太阳法向直接辐射(direct normal irradiance，DNI)与纬度的关系。

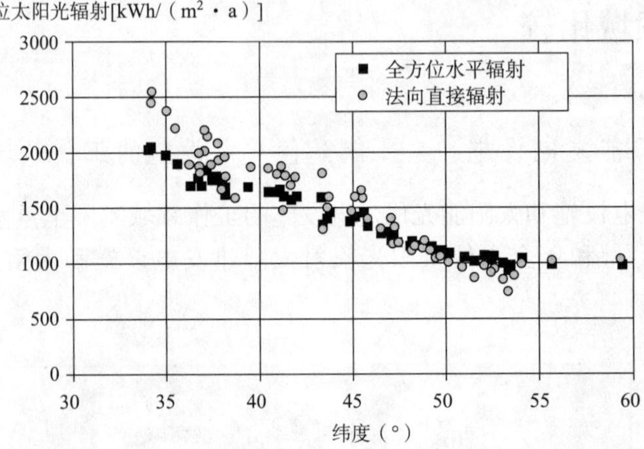

图 8-3 欧洲和北非城市年全方位水平太阳光辐射和太阳法向直接辐射与纬度的关系
(来源：V. Quaschning & M. B. Murie)

从图 8-3 可以看出欧洲和北非城市年全方位水平太阳光辐射和太阳法向直接辐射与纬度的关系：随纬度降低，太阳法向直接辐射比全方位水平太阳光辐射升高要更多。结论是：在低纬度区，开发太阳热能发电设施将比建设太阳能光伏发电有更多的电能产出，即更丰厚的回报。

8.4 技术投资比较

图 8-4 给出太阳热能发电设施和太阳能光伏发电设施的等值产电成本图示表达。自从太阳能光伏发电设施投入市场，其表现出了对太阳热能发电技术极大的挑战力。为此，尽管目前(统计在 10 年前)光伏发电等值产电成本比太阳热能发电的产电成本高出许多，但光伏发电成本下降的空间仍很大。因之，图中考虑光伏发电成本下降 50%的可能性。

图 8-4 表明：即便光伏发电成本下降 50%而太阳热能发电的产电成本没有下降，在南欧和北非地区，太阳热能发电的产电成本仍然对光伏发电具有优势。

这就意味着：在某一地区总会有一种或两种太阳能发电技术因为技术或者经济的缘故有令人鼓舞的前景。

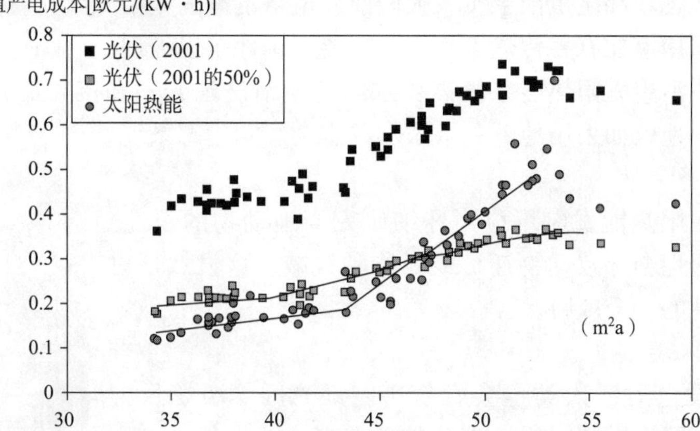

图 8-4 太阳热能发电设施和太阳能光伏发电设施等值产电成本比较
（来源：V. Quaschning & M. B. Murie，2001）

8.5 太阳能发电可能引发的环境问题

8.5.1 太阳能光伏发电设施可能引发的环境问题

8.5.1.1 生产过程

在生产太阳能发电设施的过程中，比如制造太阳能光伏电池可能危害工人或者在厂区造成安全问题。制造太阳能光伏电池要用到含砷和镉的化学物质，二者均属有毒材料。生产太阳能光伏电池的最主要原料多晶硅，在加工制造太阳能光伏电池时会产生致癌结晶状粉尘。工人暴露在这样的粉尘中，可能造成癌症、狼疮、肾脏病患、风湿性关节炎、硬皮症、自身免疫功能紊乱 Sjögren′s 综合症、慢性障碍性肺病。除此之外，任何事故泄漏也会给工厂工作人员带来有毒、有害化学物质的伤害。如发生火灾，有毒、有害气体将释放至大气中。

8.5.1.2 废弃物处理

生产太阳能光伏模板要留下大量有毒副产品。这其中包括：有毒四氯化硅、温室气体含硫六氟化物和其他粉尘，污染水和土壤。生产 1t 多晶硅，会产生 4t 有毒四氯化硅。如果不能妥善处理，这些毒素将能够使土地耕种颗粒无收。另外，结晶体硅光伏模板最多仅 25 年寿命，光伏模板作为废弃物处理必须恰当，否则也会污染环境。

8.5.1.3 应用光伏模板可能引发的其他环境问题

应用大量太阳能光伏电池形成光伏模板矩阵占据大片土地。这样大片土地辟为太阳能光伏模板矩阵破坏了当地生态平衡，威胁当地野生动物和野生植物。

8.5.2 太阳热能发电设施可能引发的环境问题

8.5.2.1 系统运行

经常建在沙漠的大型太阳热能发电厂，如果不能正确地运行，可能伤害到沙漠的生态系统。比如说，飞鸟和昆虫如果飞入太阳能发电塔汇聚的太阳光束，就会被杀死。有些太阳热能发电厂采用潜在有害传热工质，亦需要正确地予以处理。

另外，集中汇聚太阳热能系统需要水来定期清洗聚光器和接收器并且冷却透平发电机。在某些干旱地区如果用地下井水做水源也会影响生态系统。

8.5.2.2 生物多样性

集中汇聚太阳热能发电厂应当仔细研究当地动物的习性。强迫改变动物习性会导致动物迁徙或者物种锐减。这显然是对地球生物多样性的一个威胁。

8.5.2.3 涉及人类

太阳热能发电对于人类也会有伤害。聚光闪烁、炫目耀眼、甚至灼伤人眼视网膜。附近地区的驾车者，劳作工人以及掠过上空的飞机驾驶员都有可能受到伤害，如图 8-5 所示。

图 8-5 聚光闪烁、炫目耀眼

8.6 太阳能发电的新领域——光伏/热混合系统

8.6.1 光伏/热混合系统简介

正在开发和进行商业化的光伏/热混合系统(hybrid PV/Thermal systems)的出现可算近年来最主要的可再生能源——太阳能开发方面一个大有前途的进步。光伏/热混合系统定义为：太阳能光伏系统和太阳热能系统二者的组合，产电产热二者合一，同用一块土地。

显然，这一技术上的“联姻”可使两者集成到一座建筑物，达到技术和经济最优合作，并且将太阳能光伏技术与太阳能空气加热元件融为一体，如图 8-6 所示。

图 8-6 光伏/热混合系统集热器
(来源：V. Hollick)

8.6.2 光伏/热混合系统应用

光伏/热混合系统是从 20 世纪 90 年代中期开始研究发展的。在欧洲，大多数研究工作集中在光伏和液体工质集热器的组合。而加拿大多伦多的研究人员却探索另一条路——以太阳墙(SolarWall)为基础的光伏和空气集热器的组合技术，如图 8-7 所示。

(a)

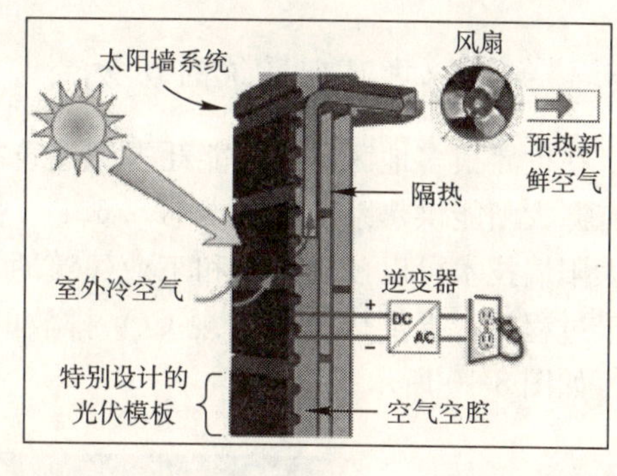

(b)

图 8-7 以太阳墙为基础的光伏和空气集热器组合技术
(来源：Concordia University)
(a)太阳墙；(b)光伏和空气集热器组合

8.6.3 国际能源局项目

2005 年，国际能源局(International Energy Agency，IEA)启动了太阳能光伏/热混合系统 Task 35 "PV/Thermal Solar Systems" 计划。IEA 在世界范围内第一个光伏/热混合系统项目是北京奥运村；第二个项目是在加拿大蒙特利尔 Concordia 大学。两个项目均将传统的太阳能光伏技术和太阳墙技术相结合。

8.6.3.1 北京奥运村项目

北京奥运村项目引起世人瞩目是因为该项目为世界上第一个实现的大型光伏/热混合系统。鉴于奥运建筑的高标准，北京奥运村项目也为商业化推广应用光伏/热混合系统提供了楷模，如图 8-8 所示。

这一安装在中央建筑顶上的太阳墙光伏/热混合系统可以比北京类似典型建筑节省 75%的能耗。此建筑装置 10kW 的太阳能光伏以及 20kW 的空气加热设施。通风仅加热供暖用。

8.6.3.2 Concordia 大学 John Molson 商学院项目

位于加拿大蒙特利尔市中心的 Concordia 大学 John Molson 商学院的新建筑已经装置了 100kW(25kW 的太阳能光伏和 75kW 的空气加热)设施，应用建筑面积 278m^2，如图 8-9 所示。此建筑安装用两种清洁能源，全方位太阳能利用率超过 60%。太阳能光伏设施借助通风降温使效率增加 5%，而经预热的新鲜空气供应机械通风系统。

图 8-8 北京奥运村
(来源：SolarWall)

图 8-9 Concordia 大学 John Molson 商学院
(来源：Concordia University)

8.6.4 光伏/热混合系统的功效

在世界很多地区，供暖能耗占到建筑能耗的大部分。太阳墙技术是一个效率达 80% 的有源太阳能供热系统［在本书 5.6.1 节曾介绍无源太阳墙(passive solar air wall)］。采用太阳墙技术可以预热商业和工业建筑通风进气，降低供暖能耗 20%～50%。它还可以用于过程热，提供热能并实现 CO_2 排放的降低。因此，已经在世界 30 多个国家成功应用，如图 8-10 所示。

图 8-10 光伏/热混合系统的应用
(来源：Concordia University)

传统太阳墙系统建筑有含成千上万微孔的金属集热器立面。空气经这些微孔被加热并进入后面特殊设计的空腔(被加热的空气在有阳光时可比环境温度高 16～38℃)，然后经通风系统管路分配至建筑物各处。

光伏/热混合系统使冷空气以均匀受控制的方式经过光伏模板后面。光伏工作产生的热量由空气带走再送入供暖、通风和空调(Heating，Ventilation and Air Conditioning，HVAC)系统。

光伏模板仅能将接收到的太阳能的 8%～15%变成电能。余下的 85%～90%主要是热能。此热能还有降低光伏模板发电出力的副作用。光伏模板的额定工况是 25℃。从额定工况温度每升高 1℃，光伏模板发电出力减少 0.4%～0.5%。一个典型的屋顶光伏模板温度是 55～75℃，光伏模板发电出力则会降低 12%～25%。目前，欧洲常采用建筑物集成光伏模板(building-integrated PV installations，BIPV)，则光伏模板温度可达 80℃。此时一个 10kW 光伏模板变成了 7kW。

加拿大国家太阳能测试机构(National Solar Test Facility，NSTF)测试表明：采用光伏/热混合系统后光伏模板发电出力与额定工况相比不降反升 5%～10%。在同样面积上采用光伏/热混合系统可有相当于光伏系统 4 倍的能量产出，而成本仅增加 25%。

在世界建筑领域，供暖能耗超过全部能耗的 50%，更是 CO_2 排放的最大贡献者。在美国和加拿大，建筑供暖造成的 CO_2 排放占到全部 CO_2 排放的 40%。

8.6.5 汇聚光伏/热混合系统

光伏/热混合系统中采用太阳能聚光器(solar concentrators)可使太阳光辐射聚焦太阳能光伏电池。这种汇聚光伏/热混合系统的最大优点是能够减少所需昂贵太阳能光伏电池的数量。汇聚的太阳辐射引发高温。然而，有效地移去热量是确保光伏电池不会因为热致损坏的基础，并能提高光伏电池效率。

采用菲涅耳棱镜作为聚光器再加上双轴跟踪系统，传导金属板从光伏电池传导热量供传热工质——合成油，进而提供建筑物各种热能需求：热水、供暖、空调的热驱动等。整体系统热效率可达60%～75%，如图8-11所示。

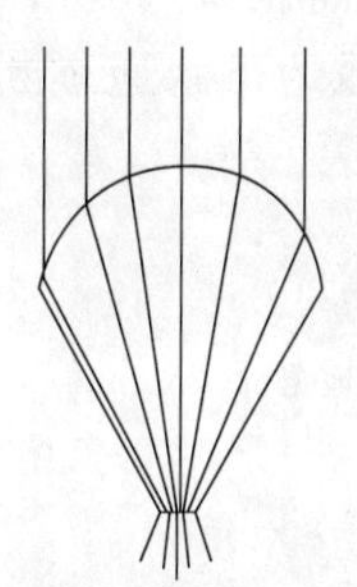

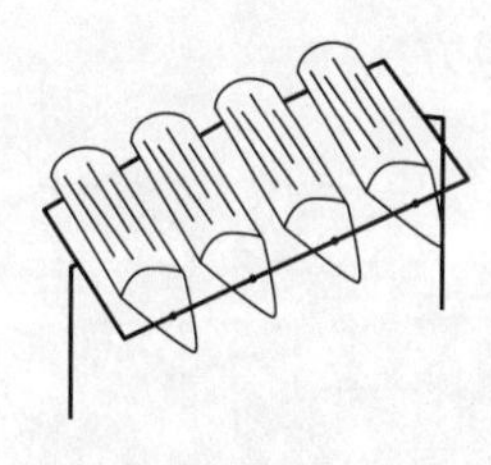

图8-11　汇聚光伏/热混合系统
(来源：Walter，D. et. al)

据报道(2011年1月)：一种线性、低汇聚、混合“微-聚光器”(micro-concentrator，MCT)系统已经开发出来安装在城区建筑屋顶。它体轻、薄断面，符合建筑美学对太阳能光伏系统的要求。系统花费约2美元/W_p。

9 地　热

9.1 地热资源

行星内部包含的热引发宏观地质运动诸如：地震、火山爆发和地壳运动。本书内容所指的地热仅仅是可转换成有用能量之地球热量的很小一部分。大部分这些热量是地球地幔包裹的放射性同位素衰变产生的。地球内部的温度高达7000℃，而在80～100km的深处，温度会降至650～1200℃。因熔岩涌至离地面1～5km的地壳，或地下水通过断裂带的深循环，热力得以被输送至较接近地面的地方。

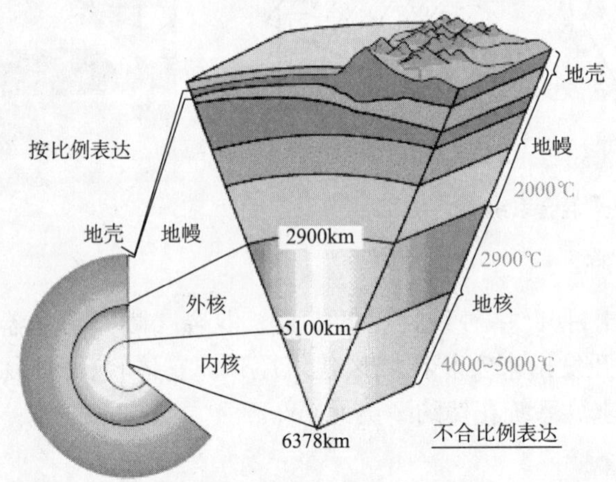

图9-1　地球内部温度分布示意
(来源：Erdinnen)

随着自地表向下，深度增加导致温度升高的速率被称为地温梯度(geothermal gradient)平均每向下加深100m所升高的温度约2.5～3.0℃，如图9-1所示现代钻孔技术可穿透10km。在活跃的地热区，地温梯度甚至增加10倍：在500～1000m深度产生300℃的高温。这种情况的发生是由于存在高温岩石从岩浆带的所谓“上浸”。如是，地下5～10km处温度可望高达600℃，进而提供高压蒸汽。然而，有用的地热能还是处于正常地温梯度。

这些地热必然被带到地表，地热温泉就是这样一种自发的涌动，如图9-2所示。

更普遍的应用是将水注入热的、有渗透性的岩层称为“热水库”(thermal reservoir)再经循环过程提取地热能。如果附近地区有几个地热井，遂组成一个“热田”(thermal field)。图9-3显示了一眼高温地热井在中国西藏羊八井地热田的放喷试验，背景厂房是羊八井地热电厂。

图 9-2　地热温泉
(来源：NREL)

图 9-3　中国西藏羊八井地热田放喷试验
(来源：《科学时报》)

地热能的优点在于：不随天气、季节和每日昼夜变化的影响；地热电厂的容量因数可达 90%；地热产能的成本比采用大多数可再生能源技术都要低。

9.2　地热资源的利用

9.2.1　利用地热的历史

火山、地震、地热资源在全球的分布主要集中在 3 个地带：环太平洋带，包括美国西海岸、新西兰、印度尼西亚、菲律宾、日本以及中国台湾；大西洋中脊带，大部分在海洋，北端穿过冰岛；地中海到喜马拉雅带，包括意大利和我国西藏自治区等。

历史早期，人们利用溢出地表的地下水——热泉，享受这舒适的热水。但是，实际上人们还以其他创意利用“魔水”（现今依然如此）：比如古罗马人利用地热水源治疗眼睛和皮肤疾病，在意大利西南部维苏威火山脚的庞贝古城曾利用地热水源为建筑供暖。早在 1 万年前的美洲，人们用热泉烹煮及治疗。很多世纪以来，新西兰的毛利人一直用地热烹煮食物。从 20 世纪 60 年代，法国使用地热水源给超过 20 万户家庭供暖。

温泉在中国各地都有分布。中国人直接利用地热已有 2000 年历史。公元 2 世纪，东汉科学家张衡就在《温泉赋》中描述温泉可以治病，北魏郦道元的《水经注》中也有温泉灌溉一年三熟的记载。

中国把地热作为能源使用始于 20 世纪 70 年代。当时的世界石油危机，引发了各国寻求新的能源。时任地质部部长的李四光向全国发出利用地热的号召，掀起了全国性地热勘查和开发利用的热潮。地热开发利用从低温地热发电试验到房屋供暖、水产养殖、地热孵化、温室种植、工业利用等，曾遍地开花。

9.2.2　地热资源的利用方式

如今，我们钻井深至地下热水库，将热水抽出到地表。地质学家、地质化学家、钻井工作者和工程师做很多探索和测试来确认含地下热水的区域。此钻井成为地热生产井。一旦热水或者蒸汽经井升至地表，便可以用于地热发电厂或者非电用途的能量存储。

9.2.2.1　直接利用地热资源

直接利用地热资源指的是利用浅层地热，直接为建筑物供暖。如澳大利亚 Southampton

项目，如图 9-4 所示。

图 9-4 澳大利亚 Southampton 项目
（来源：geothermal marine）

Southampton 项目利用地热电热联产通过 11km 主管网使区域能耗花费减低 25%；年减少 CO_2 排放 10kt。

关于建筑物直接利用地热资源在本丛书第二册《无源制冷和低能耗制冷》第 6 章“吸入空气地下区域布管——地热制冷之一”及第 7 章“地热探针和能量柱桩——地热制冷之二”予以详细论述。另外，读者也可以参阅本系列丛书第一册《无源房屋——能量效益最佳建筑》第 6.3.2 节地热交换器铺设要点。因此，此处不再详述。

当然，除了建筑物直接利用地热资源，尚有在浴疗、温室农业、水产养殖和其他轻工业产品过程处理等用途，本书均不再赘述。

9.2.2.2 地热发电

地热发电厂用地下热水库的热水或蒸汽推动透平发电机运转发电。用过的地热水经注入回到地下水库再处理，保持压力以维持地下热水库。

基于地下热水库的温度和压力，地热发电厂有 3 种类型：

1. 地下热水库产生“干”蒸汽，极少水。蒸汽直接经管道送入“干”蒸汽发电厂，推动透平发电机运转发电。美国 San Francisco 市北 145km 处有世界上最大的“干”蒸汽田，从 20 世纪 60 年代就开始发电，成为有史以来最大的替代能源项目。

2. 地下热水库大部分产生热水。温度在 300～700℉(149～371℃)，在压力下经井管上升到地表“闪蒸”(flash)成蒸汽推动透平发电机运转发电。此类发电厂称为“闪蒸”发电厂。

3. 地下热水库大部分产生热水温度 250～360℉(121～182℃)不够“闪蒸”成蒸汽，但是仍可以用于有机物朗肯循环(Organic Rankine Cycle，ORC)或称“binary” power plant 地热发电厂。此时，地下热水经由一个热交换器将热传给第二(binary)液体如异戊烷(isopetane)，可比水沸点低。加热后第二液体蒸发成气体膨胀推动透平机叶片发电。第二液体蒸汽再冷凝成液体，在封闭循环中使用，并不释放到空气中。

上述三种地热发电厂的简图分别如图 9-5 的(*a*)、(*b*)和(*c*)所示。

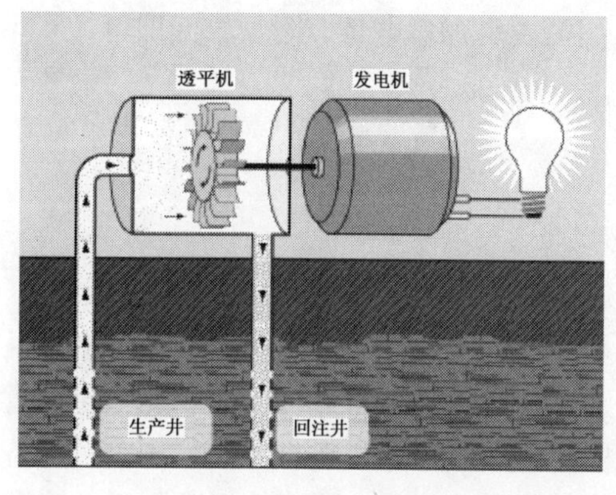

(a)

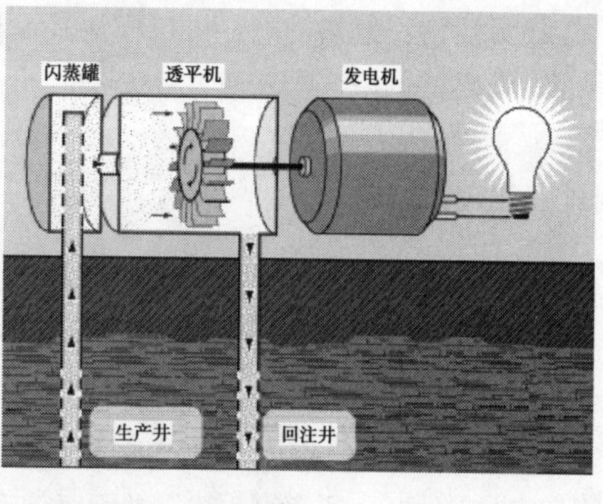

(b)

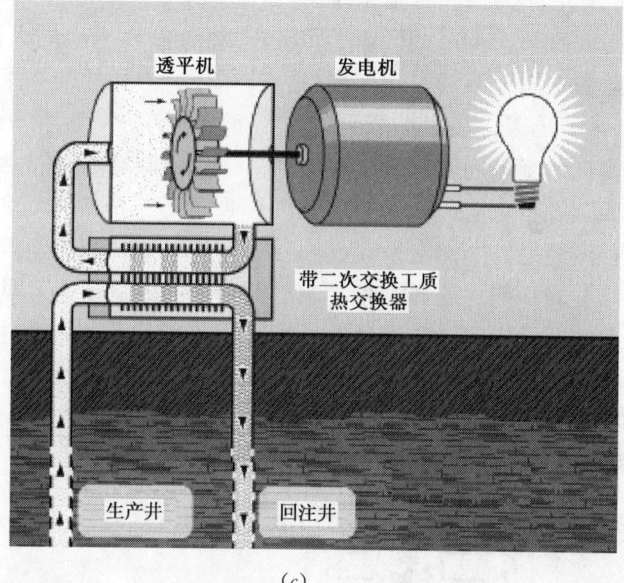

(c)

图 9-5 地热发电厂的三种类型

（来源：geothermalpowerplant. com）

(a)“干”蒸汽发电厂；(b)“闪蒸”发电厂；(c)有机物朗肯循环地热发电厂

9.2.3 地热发电的优点

地热发电的优点：

1. 清洁：减少燃烧化石能源和排放 CO_2。比如，美国加利福尼亚州开发利用 5 座地热发电厂，遂使其成为美国第一个、也是唯一的达到最严格空气质量标准的州；

2. 土地要求宽容：地热发电厂对土地的要求，按照每 MW 发电功率计，几乎是所有形式的发电厂当中最少的。除此之外，安装地热发电厂不须拦河筑坝、砍伐森林、矿山井巷、管沟隧道、空地巨坑、废渣成山或者石油喷溅流溢；

3. 可靠：地热发电厂是设计成全年每天 24h 工作，对天气、自然灾害或政治动荡造成的燃料供应中断而停产有抵抗能力；

4. 灵活性：地热发电厂可以模块式设计，当需要增加发电量，附加单元即可；
5. 无燃料价格波动之虞。

9.3 地源热泵

热泵是高效利用地热资源的主要手段。

9.3.1 地源热泵原理

热泵基本上是将存储在土地、流水和空气中的太阳能抽取出来并且将其转换为较高温度用于建筑物的供暖分配系统。热泵的工作，简单地说，就是依冰箱的相反原理：箱内部为热源，而箱背后的盘管则为供暖分配系统。

地源热泵(Ground Source Heat Pump，GSHP)将存储在土地的太阳能抽取出来并且借助于埋在地下的盘管中的水溶液和防冻剂(盐水)循环。当到达某一深度土地温度基本保持常数(8～10℃)，可从土壤将热量抽取到盐水溶液(约 5℃)。然后盐水通过一个热交换器(称蒸发器)的一侧，而制冷剂通过热交换器的另一侧。制冷剂有非常低的沸点，它将吸收盐水带来的热量而蒸发。之后，制冷剂蒸发气体通过一个压缩器，加压进而增加温度。如此高压热的气体再流经另一个热交换器(称凝结器)的一侧，而流经供暖分配盘管的供暖分配液体流过此凝结器的一侧。这样一来，制冷剂传来的能量便进入供暖分配系统。传递的结果是使制冷剂凝结。最后，高压而且冷的制冷剂通过一个节流阀(或膨胀阀)降压，再循环往复。

地源热泵是效率很高的技术。通常可以做到 3～4，即可产生 3～4 倍输入功率(用于驱动泵、阀等)的热功率。如图 9-6 所示地源热泵工作原理简图。

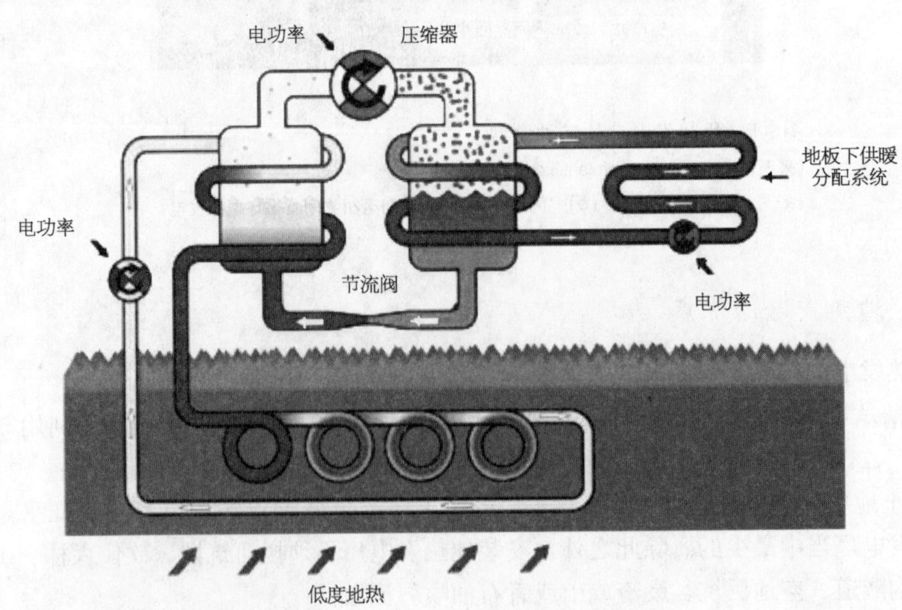

图 9-6 地源热泵工作原理简图
(来源：Kensa Engineering)

9.3.2 热泵变种

图 9-7 简单介绍了热泵变种：地源、水源等。

其中：1. 地耦合热泵(Ground Coupled Heat Pump，GCHP)；

2. 地下水热泵(Ground Water Heat Pump，GWHP)；

3. 地表水热泵(Surface Water Heat Pump，SWHP)。

关于热泵的其他变种请读者参阅本系列丛书第一册《无源房屋——能量效益最佳建筑》第 6.6.1 节热泵，此处不再详述。

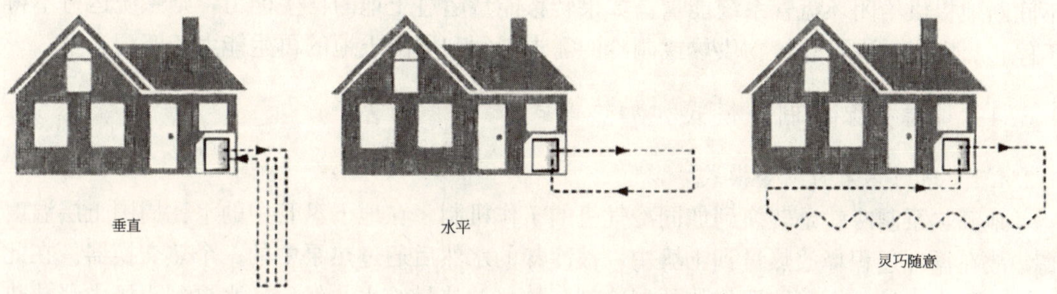

(*a*)

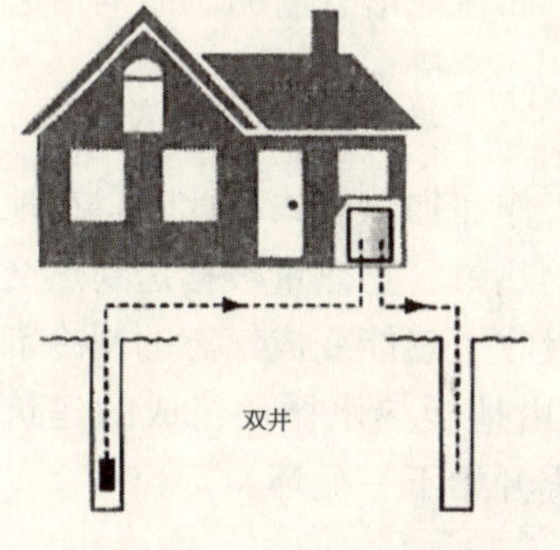

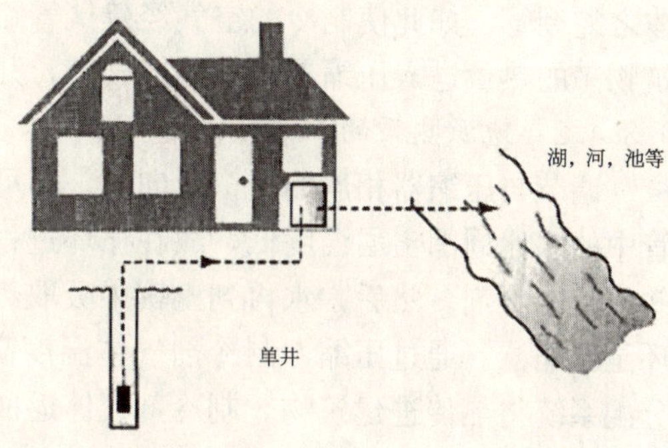

(*b*)

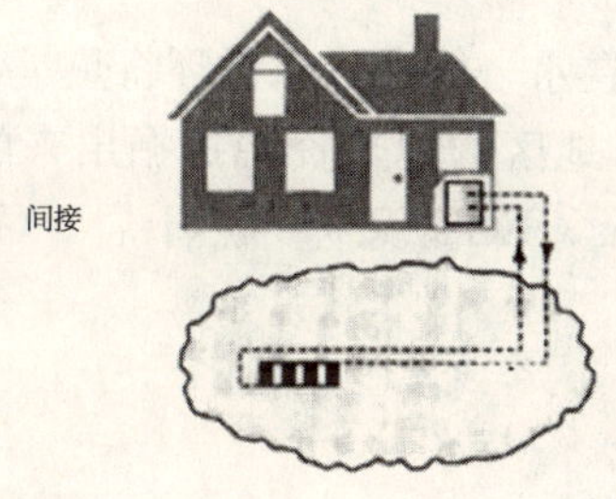

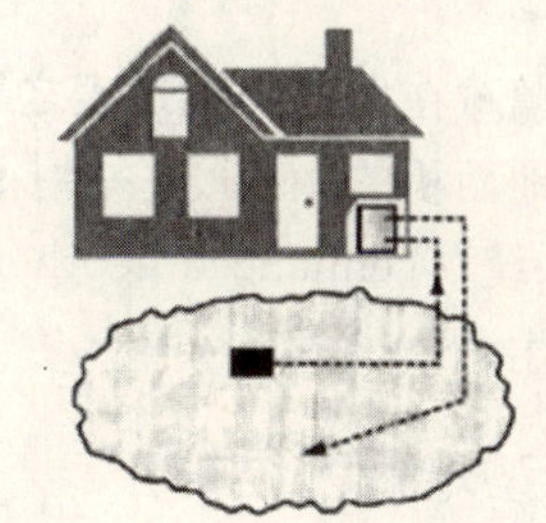

(*c*)

图 9-7 热泵变种

(来源：Kensa Engineering)

(*a*)地耦合热泵；(*b*)地下水热泵；(*c*)地表水热泵

9.3.3 地源热泵优势

地源热泵技术本身并不创造热能，只是将热量从一个地方转移到另一个地方。地源热泵技术的优势在于：比起通常用电生热或者制冷，用电量至少省一半；即可以做到从地下转移3～4倍的热量到建筑物。现在，地源热泵的效率通常可以做到3～4。理论上可以达到14，将来达到8还是有希望的。

地源热泵就好像永远连接着充电器的蓄电池。所谓蓄电池，正如图9-6所示地下盘管系统，其容量要足够大以满足建筑物供热或制冷的需求；所谓充电器，就是周围土地可以不间断地提供给闭环盘管系统能量。如果转移能量超过土地的再生能力，则系统运行不得不停止。所以，满足建筑物供热或制冷的需求必须和周围土地的再生能力相匹配。

9.3.4 地源热泵的制冷模式和加热模式

9.3.4.1 地源热泵的制冷模式

地源热泵制冷就是转换到如同冷气机的工作机制。在地下盘管中的水比周围土层温度高，故在循环过程释放热量到土壤中。被冷却的水然后通过热泵中的一个热交换器。在此热交换器内，被一个压缩器加热的制冷剂气体释放热量给水。然后，水再到土壤中释放热量；而已经释放了热能的制冷剂在通过一个膨胀阀之后，变成冷的气体用于制冷空气和水。在一个管路空气系统中，热泵风扇自建筑物循环热空气通过含有已被冷却的制冷剂气体之蛇型管。如此使制冷的空气经建筑管路吹进建筑物；而在蛇形管内的制冷剂拾起从建筑物来的热量进入压缩器被加热成气态，开始下一循环。

9.3.4.2 地源热泵的加热模式

调节与压缩器相连的一个反向阀，即可使地源热泵工作在加热模式。此时，在地下盘管中的水比周围土层温度低，故在循环过程吸收土壤中的热量。这热量被移送到热交换器并传给制冷剂。然后，水再到土壤中吸取热量；而已经吸收了热能变成气态的制冷剂被循环至压缩器。通过压缩，制冷剂气体温度高达65℃；经由地板热水循环组成的建筑供暖分配系统将热传进建筑物。制冷剂气体返回热交换器，遂开始下一循环。

9.4 增强型地热系统

地热资源蕴藏在世界各地地表之下，但是存在水，能通过水循环将热量带到地表的仅仅不到地球陆地面积的10%。一种探索将“干”地区的地热资源挖掘出来的方法，称为“增强型地热系统”(enhanced geothermal systems，EGS)又称“热干岩”(hot dry rock)系统，应运而生。

9.4.1 增强型地热系统简介

图9-8所示为增强型地热系统简图。

如图9-8所示，热干岩体(通常在地表深处)首先经开发形成一个热存储体(地下热水库)，打入高压水强行通过此热存储。沿可穿透缝隙路径，水被加热再通过生产井被泵出，作为高压蒸汽回到地面驱动汽轮发电机发电。随后，冷却的水通过注入井返回热存储(地下热水库)完成封闭循环。发电厂采用二元封闭循环，除水蒸气外(冷凝用)无任何液体、气体排放或热泄漏。

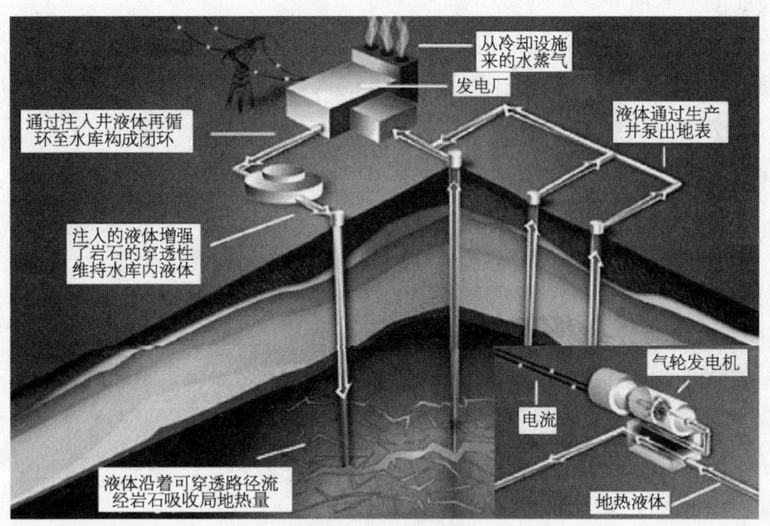

图 9-8 增强型地热系统简图
(来源：NREL)

为提高增强型地热系统发电能力可多安置几眼生产井。

美国、澳大利亚、法国、德国和日本等都在进行项目研究开发，以期尽快商业化。最近以来的努力表明：可望 2015 年实现市场化。

9.4.2 增强型地热系统地质前提条件和资源

建造增强型地热系统的地质前提条件如下：

1. 高温岩石；

2. 液体饱和状态；

3. 热存储体有足够的穿透能力让地热液体完成封闭循环。

美国地质勘探局(United States Geological Survey，USGS)估计美国有建造发电能力 500000MW 增强型地热系统的地质资源，相当于美国现安装的发电能力的一半。

9.4.3 增强型地热系统的开发和运行机制

第一步，选址。通过地质勘探了解当地地质构造。不仅要进行地表勘探，还应进行钻孔(探井)勘探确定热存储体有足够的穿透能力以及是否有液体存在。如果具备建造增强型地热系统的三个地质前提条件，准备钻注入井。

第二步，打造热存储体(地下热水库)。

1. 钻一眼注入井至带有有限液体含量及穿透能力的热岩层；

2. 以足够压力注入水，通过扩开现存缝隙、裂纹或者制造新缝隙繁殖传播裂隙；再继续泵入水开启旧缝隙、扩展老裂隙，生成可以全部贯通的热存储体(地下热水库)；

3. 钻一眼生产井至布满缝隙的网络中，使网络各部分间有尽可能多的流通点。

如此建造的循环环路允许水经有足够的渗透力的路径循环穿过强化的热存储体吸拾局地热能量，然后通过生产井被泵至地上。

整个过程如图 9-8 所示。

第三步，发电厂运行及维持热存储体。

1. 在地面上，热水加热一种工作工质成蒸汽状，以驱动汽轮发电机机组；

2. 蒸汽驱动汽轮发电机发电；

3. 原本的地热水再通过注入井进入热存储体，完成封闭循环。

9.4.4 增强型地热系统开发尚存障碍

开发增强型地热系统目前尚存的障碍罗列如下：

1. 尚需更多投入研究和发展工作以及示范工程：特别是钻井技术、地质成像技术还未达到专门为增强型地热系统所接纳的程度；

2. 高风险的勘探阶段：地热项目的勘探阶段不仅需要高昂的资本投入，而且必须承担由于地热存储体的高温和存储体地质学不确定性所引发 75%失败的机会成本。高风险再加高资本投入使得资助地热项目困难重重；

3. 地热地质知识：坚实地人工建构地热存储体的可行性很大程度上受限于缺乏了解自然地热存储体究竟是如何产生的。研究自然地热存储体的特征是采用适应性模拟和钻井技术的基础。只有沿此途径才能降低开发增强型地热系统的投入；

4. 地理分布和运输：尽管开发增强型地热系统选址灵活，而最可望的选择地点往往和电力消费大户以及负荷中心相距遥远。要求足够的传递能力可能吓住增强型地热项目的投资者。

然而，增强型地热系统的广泛应用还是取决于钻井技术的进步。高温超过 250℉(121℃)的热存储体工艺比较复杂。另外，也由于高温、塌陷、机械故障、遥感失效和加固套筒故障而增加了钻井失败的概率。这些限制性对于增强型地热系统的钻井更显加倍地严重，这是因为地热系统的钻井比一般地热发电厂的钻井要求进入地下更深、更硬而且更热的岩层。

图 9-9 增强型地热系统试验场
(来源：NREL)

在建构一个增强型地热系统的热存储体时，岩体可能沿现存缝隙、裂纹滑动。这样一来还会引发微型地震相关事件。由外界激励引起地震有助于确认此热存储体缝隙网络中裂纹间隙的扩展长度范围。所有这些在地层深处发生的事件于地表均无任何征兆。

增强型地热系统试验场如图 9-9 所示。

9.4.5 增强型地热系统开发的环境收益

增强型地热系统如同传统的地热发电厂一样，几乎没有温室气体(GreenHouse Gas，GHG)排放。所谓 CO_2 和其他 GHG 排放仅在地热发电厂的钻井阶段。

增强型地热系统开发的最大环境收益是满足主要电能负荷的需求。不像间歇运作的可再生能源技术，比如风能发电厂和太阳能发电厂，增强型地热系统可以较容易地替代一座500MW燃煤发电厂。这样一来，每年减少 300×10^4t CO_2 排放，相当于美国电厂每年 CO_2 排放总量的0.1%.

按照麻省理工学院(MIT)的估计：到2050年增强型地热系统的装机容量可达 10×10^4MW，大约相当于如今燃煤发电厂总装机容量的1/3。

不再生产的油田可以被增强型地热系统所用。这不仅是因为油田的井孔尚在，更由于其已经证实的地热和地质信息资料。利用这些井产热水而不是产油可以大大扩展增强型地热系统的装机容量。

9.4.6 增强型地热系统的成本花费

增强型地热系统的试验性本质使得评估其成本花费十分困难。

初步估计：增强型地热系统的资本投入大约是传统地热发电厂的2倍。成本核算还应当按发电成本估计：燃油和天然气发电厂尚需计算燃料成本在内。

鉴于目前增强型地热系统都属于小型实验性质，增强型地热系统的发电成本较高，有报道约合0.75美元/(kW·h)。正在安排的项目力图达到0.036～0.092美元/(kW·h)。

最大的投资风险在于钻井和开发热存储体的变数如图9-10所示。仅钻井投资就大约占总投资的1/3多。比如，钻一眼6000m深的原始孔大约花费 12×10^6～20×10^6USD，比起在可比深度的石油探井或者天然气探井，大约多2～5倍的花费。这尚不包括寻址钻井费用等。为开发选址而钻探更是充满风险和不确定性的昂贵一步。

图9-10 增强型地热系统最大的投资风险在于钻井和开发热存储体
(来源：NREL)

9.5 地热利用现状

如前所述，利用地热分为直接利用和地热发电两类。

9.5.1 直接利用地热资源

直接利用地热资源的温度范围在 25～120℃。

9.5.1.1 直接利用地热资源分类——林岛图

直接利用地热资源可采用许多不同的方式。

冰岛工程师 Baldul Lindal 于 1973 年提出合理利用地热资源的图示，为世界范围所采纳，并沿用至今。图 9-11 示出了各种温度地热流体可能用途的林岛图(Lindal-diagram)。

据报道，依照林岛图——合理利用地热资源的图示，地热资源的利用呈现多方位，如表 9-1 所列。

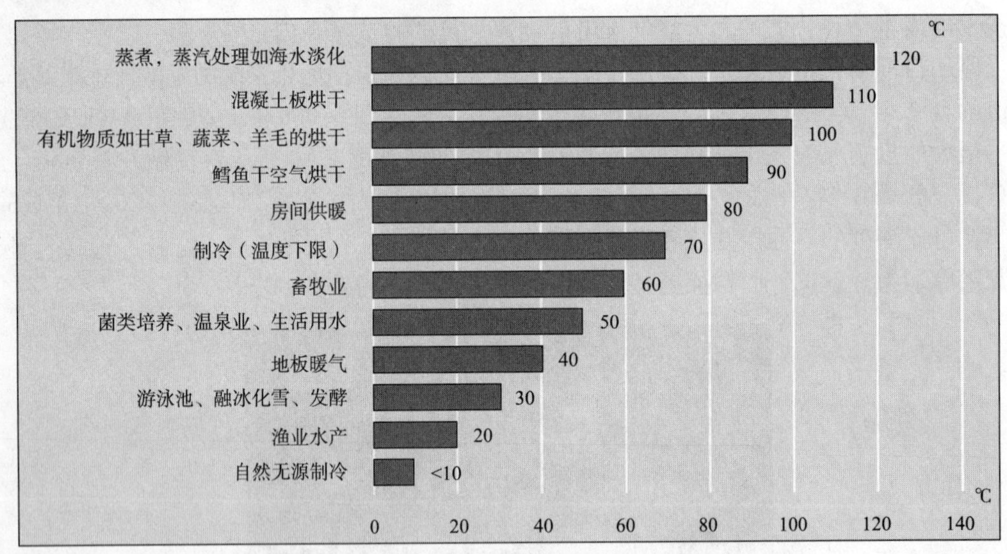

图 9-11 直接利用地热按照用途所需温度的林岛图
(来源：B. Lindal)

现今直接地热资源的利用 **表 9-1**

应用领域	比例(%)
地源热泵	33.2
温泉业	28.8
远程热	20.2
温室	7.5
水族培养	4.2
工业	4.2
农产品干燥处理	0.8
融冰化雪	0.7
其他	0.4

9.5.1.2 直接利用地热资源的主要手段

鉴于直接利用地热处于地壳表层(<400m)，表层地存储体的热存储和养生以及与时间的关系成为直接利用地热资源的重要内容。图 9-12 所示为地存储体热存储和养生过程中地层温度和时间的关系。

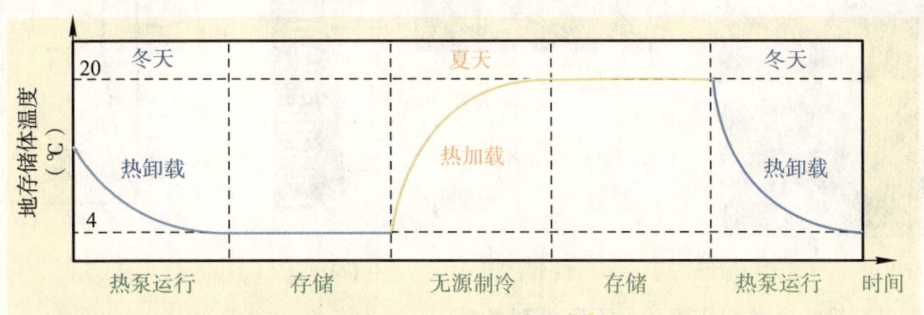

图 9-12 地存储体热存储和养生
(来源：IGS)

加热通常采用地源热泵或者水源热泵。另外，由于与土壤直接接触，作为能量源供给，夏天还能无源制冷；节省昂贵的制冷设施以及电能耗费。

典型直接利用地热资源的手段包括：地浅层地热盘管集热器、钻孔地下水泉、地热探针、能量柱桩等。

除此之外，尚有能量篱笆、螺旋集热器、CO_2—地热探针等辅助手段。

图 9-13 简单描绘了地壳表层地热直接利用的各种手段。

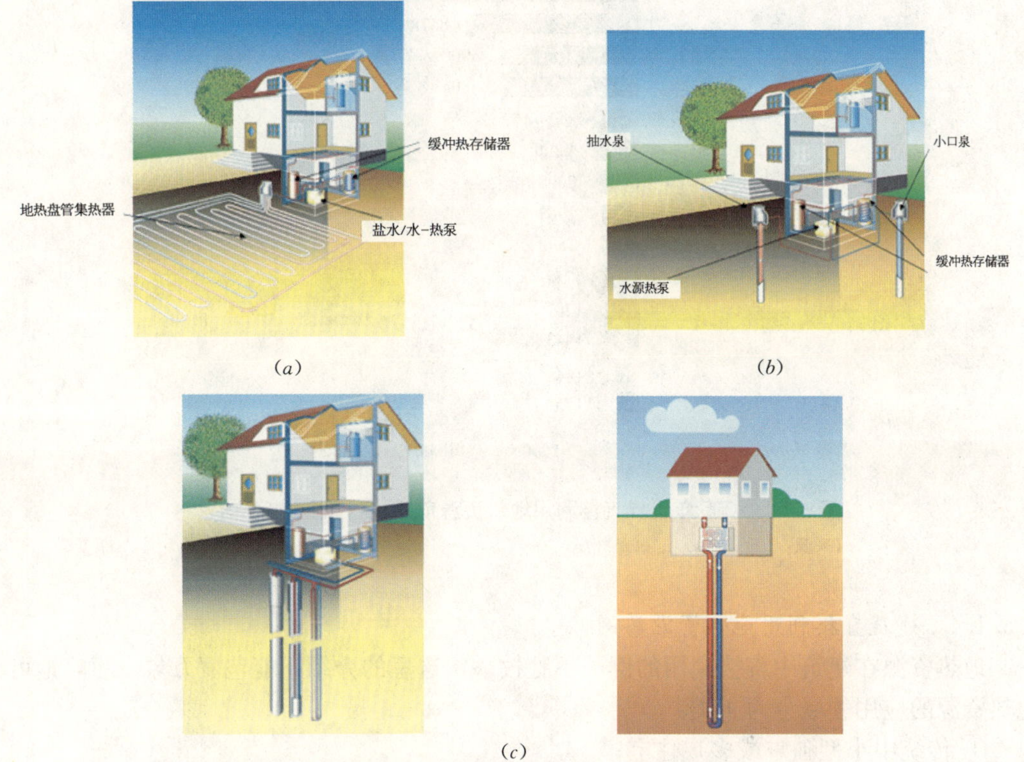

图 9-13 地壳表层地热直接利用手段的不同类型（一）

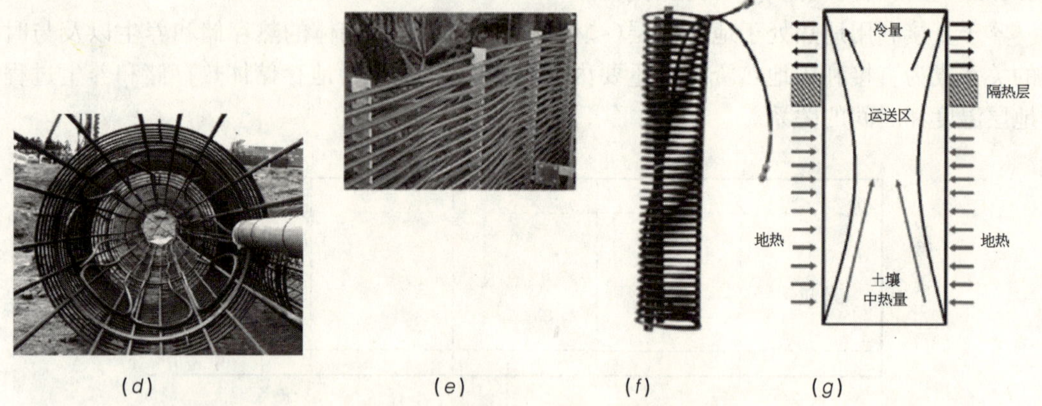

(d) (e) (f) (g)

图 9-13 地壳表层地热直接利用手段的不同类型（二）

(来源：S. Kersten & Katzenbach)

(a)地浅层地热盘管集热器；(b)钻孔地下水泵；(c)地热探针；(d)能量柱桩；(e)能量篱笆；(f)螺旋集热器；(g)CO_2－探针(热管)

9.5.1.3 全球直接利用地热资源现状

图 9-14 罗列了 2005 年世界地热资源直接利用前 15 名的国家，按全年利用能量计(单位：GWh)。

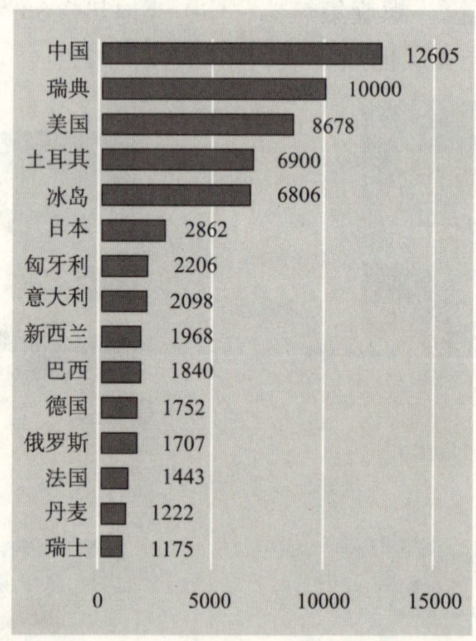

图 9-14 2005 年世界直接利用地热资源前 15 名(单位：GWh)

(来源：I. Fridleifsson, et al)

9.5.1.4 建筑直接利用地热资源举例

地热资源在建筑中直接利用的例子不胜枚举，这里的介绍不能包罗万象。粗略地可将地热资源的应用领域分为 4 类：

① 传统中小型独户或多户住宅；

② 高层建筑；

③ 大型住宅或商业建筑；

④ 各种功能公共建筑。

下面介绍几个建筑应用地热资源的实例。

1. 瑞士 La Maladière Neuenburg 中学——节能可持续发展样板项目。图 9-15 所示为该中学新建筑的外观。

图 9-15 瑞士 La Maladière Neuenburg 中学新建筑

(来源：CDM Consult GmbH(左)CREGE(右))

由地热探针组(650m)获取的地热能源满足了全部建筑物 90%的供暖要求。利用地热资源，学校建筑地板式供暖保持 35℃/28℃。每米地热探针功率：冬天 20W/m；夏天 20W/m。

学校建筑供暖需求：55kW

建筑物体积：$9200m^3$

能量相关面积：$4092m^2$

供暖面积：$2820m^2$

能量特征值：$100MJ/(m^2 \cdot a)$

2. 德国 Frankfurt am Mein 南德出版社管理中心大厦(Verwaltungszentrum Sueddeutschen Verlages)die Westarkade 新建筑，如图 9-16 所示。

图 9-16 德国 Frankfurt am Mein 南德出版社管理中心大厦新楼

(来源：KfW)

这一15层57m高的建筑，智能集成地热资源达100kW·h/(m^2·a)满足供热和制冷的全部需求，再附加双层前立面，使此建筑物成为德国Frankfurt am Mein市令人瞩目的新地标。

3. 德国亚琛工业大学(Rheinisch-Westfaelische Technische Hochschule Aachen, RWTH)新建教学楼

RWTH新建教学大楼采用地热资源，钻孔深2500m，水温达70℃，功率480kW，能满足供热以及制冷全部需求。

图9-17所示为德国亚琛工业大学新建教学楼地热资源钻孔及新楼外景。

图9-17 德国亚琛工业大学新建教学楼地热资源钻孔及新楼外景
(来源：RWTH)

4. 德国波恩Bonner Bogen区域地热资源综合利用

Bonner Bogen区域采用6口钻孔地下水泉(28m深)提供最大地下水量$15\times10^5m^3/a$。

图9-18所示为Bonner Bogen区域地热资源综合利用的设计安排。

① Bonner Bogen区域为原工业区，计$1\times10^5m^2$；
② 多座高级旅店和办公大楼；
③ 区域综合供热和制冷系统；
④ 地热资源供应70%热量和100%冷量；
⑤ 能量需求量：1700MW·h/a；
⑥ 每年减少400t的CO_2排放。

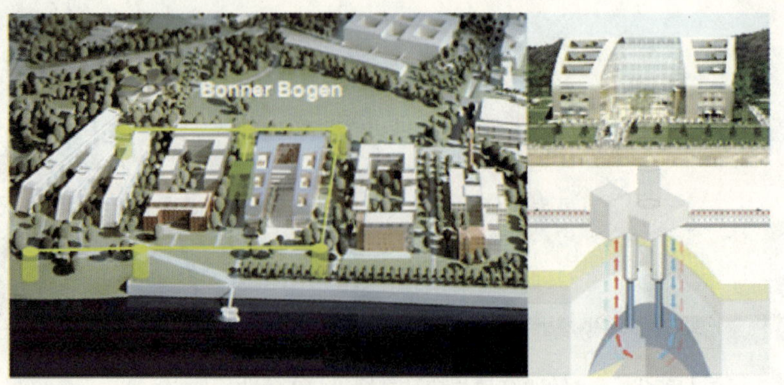

图9-18 Bonner Bogen区域地热资源综合利用（一）

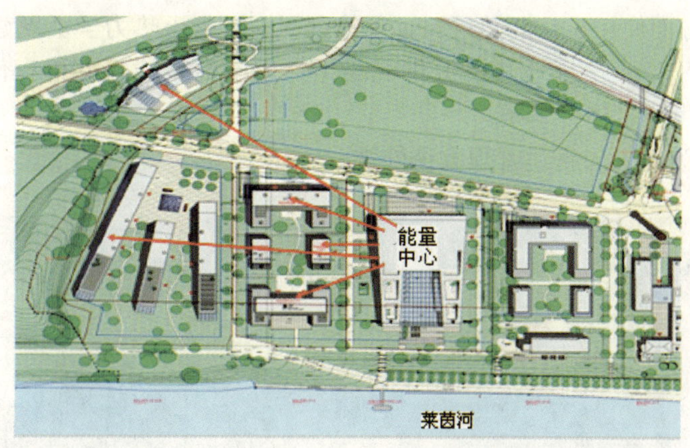

图 9-18 Bonner Bogen 区域地热资源综合利用（二）
（来源：K. Grand）

5. 德国 Köln-Niehl 住宅区利用地下水泉供热制冷

德国 Köln-Niehl 住宅区利用 21 口约 40m 深地下水泉供热制冷；可供 400 座居住单元或独栋住宅；供暖制冷功率计 1.7MW，如图 9-19 所示。

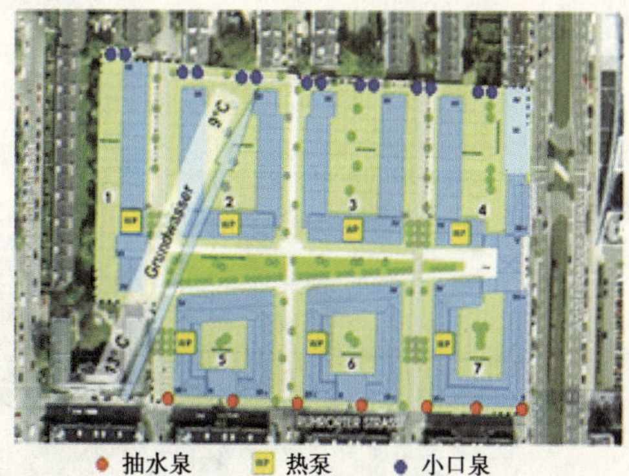

图 9-19 德国 Köln-Niehl 住宅区利用地下水泉供热制冷
（来源：GAG Köln）

6. 德国 Stuutgart 市 SüdLeasing 公司管理大楼

Stuutgart 市 SüdLeasing 公司 8 层新建管理大楼，建筑面积 $2 \times 10^4 m^2$ 建在一块梯形建筑用地上，由两个 L 形相互呈搭接形成。

在能源供应方面使用了：隔热层；远程热利用；混凝土热力学活跃建筑部件；120 根能量柱桩深入地下 25m 挖掘地热资源供混凝土热力学活跃建筑部件存储能量。在夏天，建筑物 90%制冷由能量柱桩承担。

图 9-20 所示为此 8 层新建管理大楼外观。

图 9-20 Stuutgart 市 SüdLeasing 公司 8 层新建管理大楼
（来源：wma Wöhr Mieslinger Architekten）

7. 德国 Darmstadt 市科学会议中心

这一新建筑物在 13m 深空气盘管采集 10℃地热资源供外面 32℃气温（盛夏）时的建筑物制冷，空气流量 $160000m^3/h$。当外面为温度 −12℃的严冬，地热资源仍然可以提供暖气能耗的 50%。

除此之外，此座科学会议中心还安置有屋顶光伏模板、蒸发无源制冷以及燃烧生物质（小废木块）燃料辅助供热设施。

图 9-21 所示为 Darmstadt 市科学会议中心外景。

图 9-21 Darmstadt 市科学会议中心外景
（来源：maila push GbR，Darmstadt）

8. 德国议会大厦地下热存储和冷存储

自1990年两德统一，在德国首都柏林的议会大厦着手彻底重新装修，恢复作为联邦议会(Bundestag)。设计工作交由英国建筑师 Sir Norman Foster 完成。在他1992年首次展示设计平面图时就标注了包括地下热存储和冷存储的能量方案。两个含水层位于不同深度：热存储300m、冷存储60m。

热存储和冷存储从1999年开始运行，全部建筑物的能量网路完成于2003年。如今包括联邦总理府(Bundeskanzleramt)在内的整个建筑群都能得到能量(热、冷和电)网路供应。能量网路包含电热联产发电厂、锅炉、制冷机、吸收热泵以及位于不同深度的以含水层形式生成的热存储和冷存储。表9-2罗列了 Bundestag 建筑群热存储含水层和冷存储含水层能量收支的计算机模拟数据。

热存储含水层和冷存储含水层能量收支 **表9-2**

冷存储含水层			热存储含水层		
夏天(吸收)	生产温度(℃)	6～10	夏天(负荷)	平均生产温度(℃)	20
	注入温度(℃)	15～28		平均注入温度(℃)	70
	冷量吸收(MW·h/a)	3950		热量存储(MW·h/a)	2650
冬天(负荷)	平均生产温度(℃)	22	冬天(吸收)	生产温度(℃)	65～30
	平均注入温度(℃)	5		—	—
	冷量存储(MW·h/a)	4250		热量吸收(MW·h/a)	2050
结算	泵能耗(MW·h)	220	结算	泵能耗(MW·h)	280
	冷量吸收/冷量存储	93%		热量吸收/热量存储	77%

(本表数据来源：B. Sanner，F. Kabus，P. Seibt & J. Bartels)

图9-22所示为德国议会大厦地下热存储和冷存储安排。

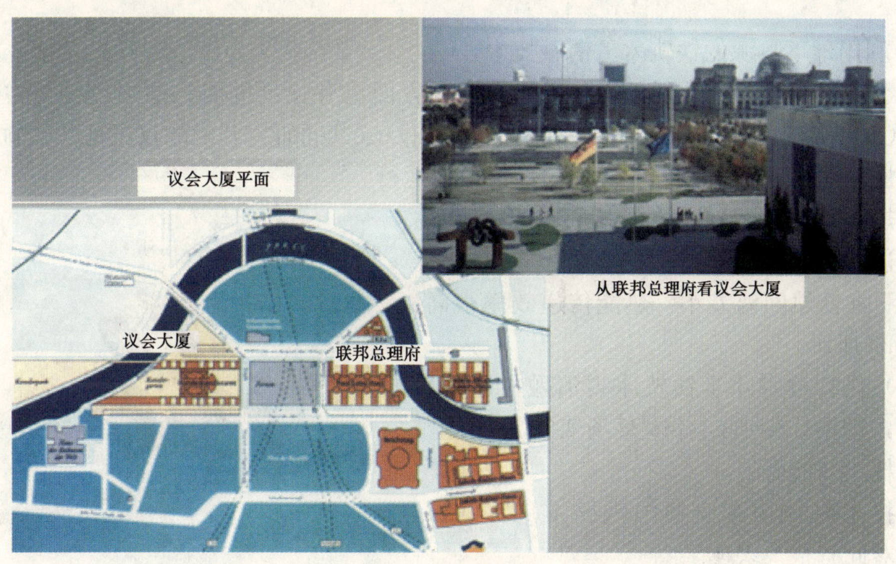

图9-22 德国议会大厦地下热存储和冷存储安排（一）

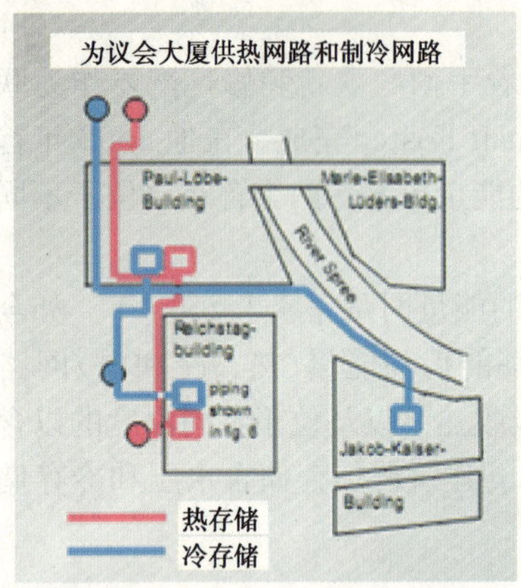

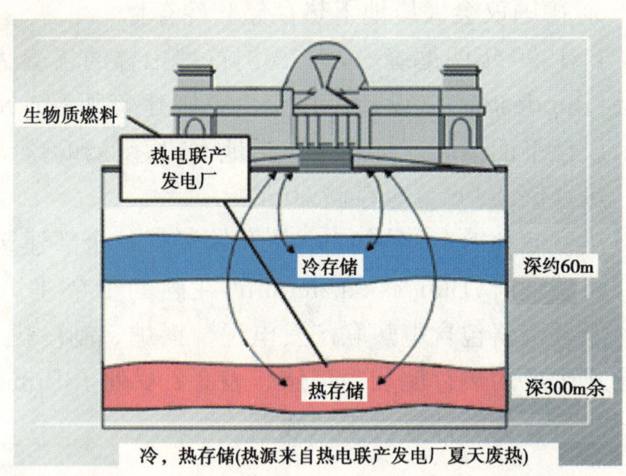

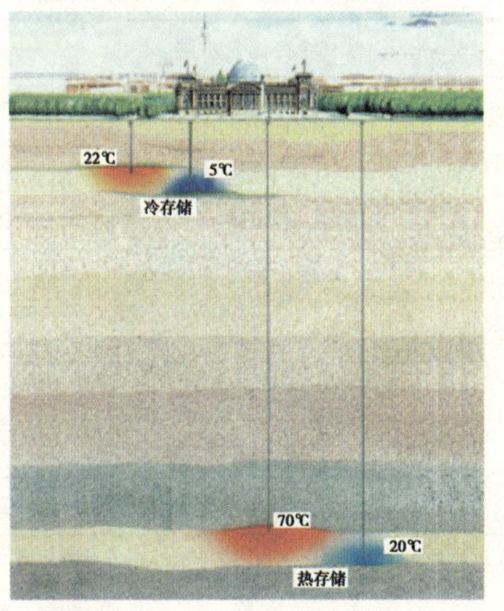

图 9-22　德国议会大厦地下热存储和冷存储安排（二）
（来源：UBEG）

9. 利用地下热源的铁轨冰雪消融技术

除了建筑领域，最近在高效利用地热资源方面也有长足进展。德国经济部主持，由 PINTSCH ABEN Geothermie GmbH 和 ZAE Bayern 共同研究开发的仅用地热铁轨冰雪消融技术加热铁路道岔，2010 年底在汉堡段成功运行。

地热铁轨冰雪消融技术的核心在于 CO_2 热管。通过 CO_2 热管将热量从地下传导到铁轨。鉴于地下和铁轨间温差小，热能传递效率很高，如图 9-23 所示。

CO_2 热管技术除了铁轨冰雪消融，还可以对站台，桥梁，街道或者体育场实现消融冰雪且无能耗、节能低碳。

此技术将很快在全德国铁路推广。欧洲、北美都对此有很大兴趣。

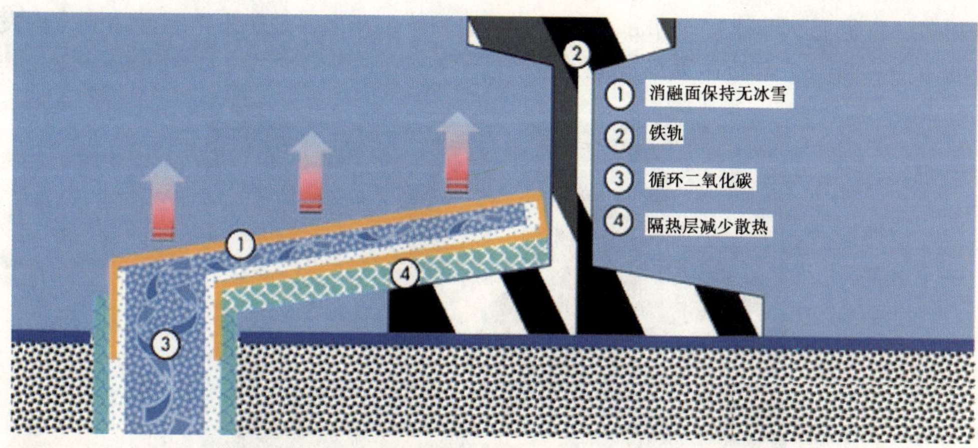

图 9-23 地热铁轨冰雪消融技术加热铁路道岔
（来源：PINTSCH ABEN Geothermie GmbH）

10. 利用地下热源的桥梁冰雪消融技术

图 9-24 所示为瑞士 Dälingen 附近利用地下热源桥梁冰雪消融试验。美国和日本亦有类似项目在进行中。

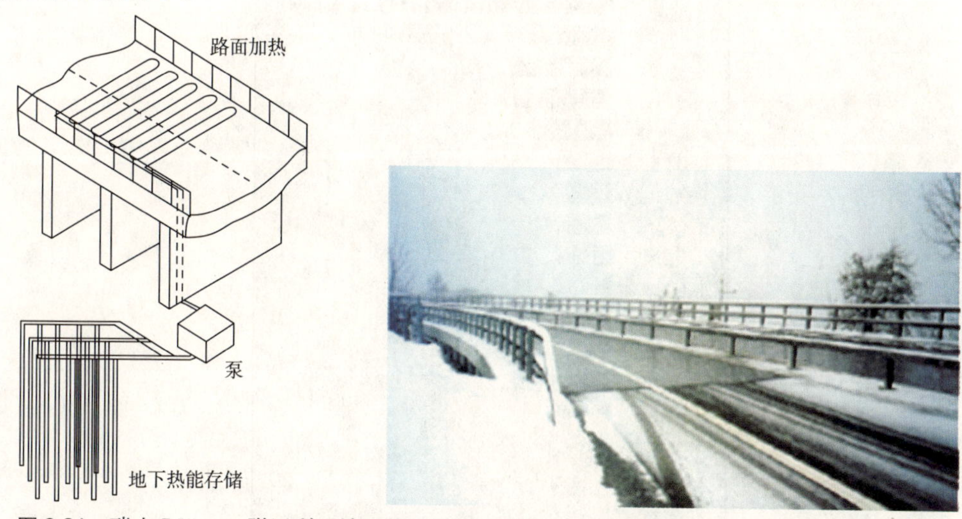

图 9-24 瑞士 Dälingen 附近利用地下热源桥梁冰雪消融试验

9.5.2 间接利用地热资源的现状与发展

间接利用地热资源就是利用地热发电，生产人们应用最方便的电能。

9.5.2.1 世界地热发电现状与发展

图 9-25 以红色标识全世界地热资源最为丰富(高热焓)的地区。这一分布很大程度上决定了利用深层地热资源发电的布局。拉丁美洲、南欧、东北非、印度尼西亚、中国西藏自治区和中国台湾地区、日本、堪察加半岛等均属其中。

图 9-26 所示为 2007 年世界各国地热发电装机容量。显而易见，火山地质提供了最佳地热发电的前提条件。这是因为火山活动高发地区得到地热资源相对容易。有六个国家：

萨尔瓦多、肯尼亚、菲律宾、冰岛、哥斯达黎加和萨尔瓦多，地热发电已经占到全国发电总量的 10%～20%。印度尼西亚也能达到 7%。

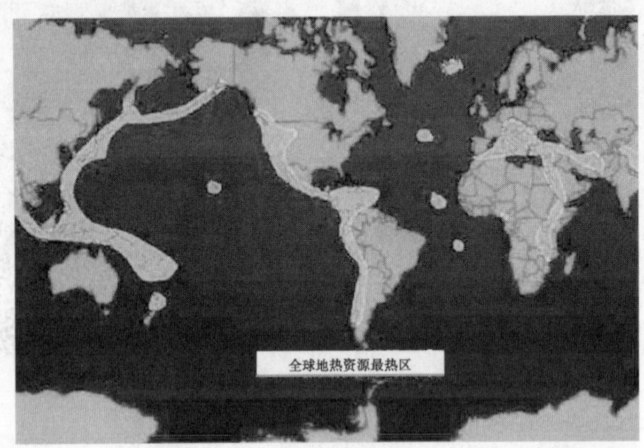

图 9-25　全世界地热高热焓地区分布
（来源：美国加州地热教育办公室）

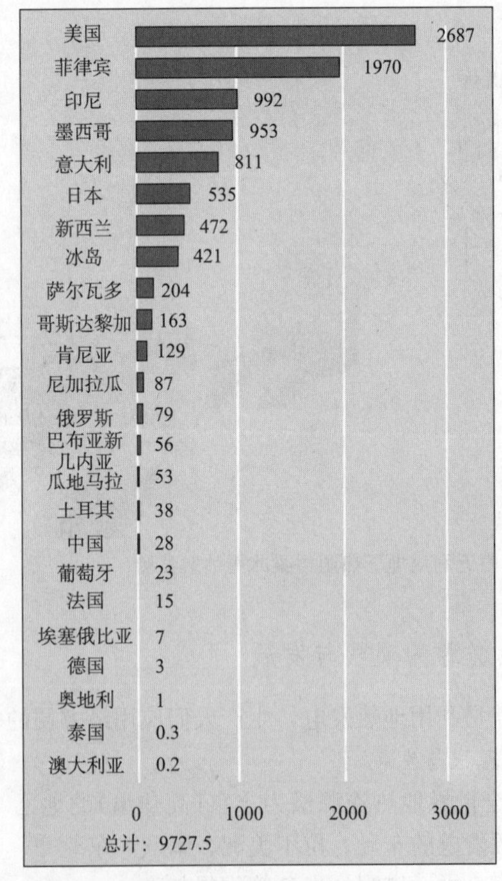

图 9-26　2007 年世界地热发电装机容量（MW）
（来源：R. Bertani）

世界范围内，预计到2020年地热发电装机容量将以每年4%速率增长。届时，全球将有16000MW地热发电能力。图9-27显示了世界范围地热发电能力快速增长的这种趋势。

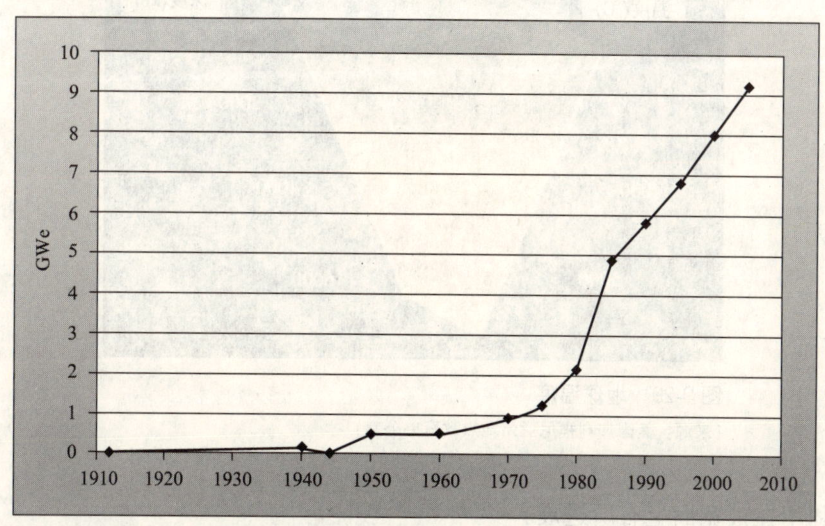

图9-27 世界范围地热发电能力快速增长的趋势
（来源：UBEG）

9.5.2.2 世界范围内地热发电举例

图9-28所示为三种类型的地热发电厂：

(a)

(b)

(c)

图9-28 三种类型地热发电厂举例
(a)美国San Francisco市北145km处世界上最大的“干”蒸汽田（来源：NREL）；
(b)美国加州Coso geothermal field“闪蒸”发电厂（来源：Idaho National Laboratory）；
(c)萨尔瓦多9.3MW有机物朗肯循环地热发电厂（来源：Natassia Y. Laforteza）

9.6 地热利用的前景和风险

9.6.1 被低估的能源

按照地质学家估计，地球温度如图9-29所示。

地热资源是一种被低估了的能源。古老的地热应用依旧，技术层面已经接近成熟的初级阶段；近年来商业化渐渐兴隆，但是世界各地仍很难简单地获得地热高效运行的地质前提条件。

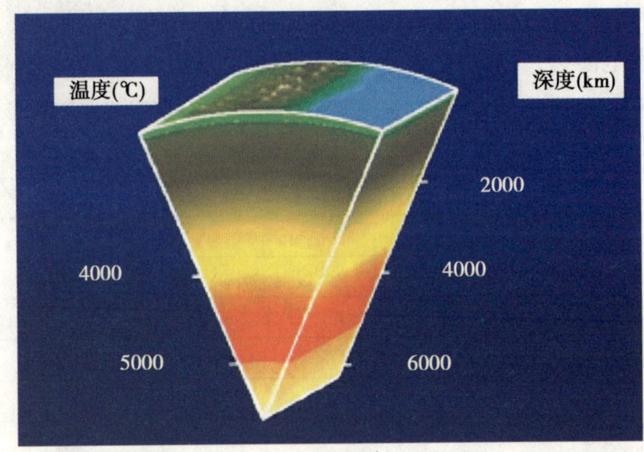

图 9-29 地球温度
（来源：美国加利福尼亚州地热教育办公室）

地热利用在很宽面上有所进展：

1. 现代钻井技术；
2. 高效热泵技术及其应用系统；
3. 合乎时宜的建筑设计。

然而，不仅向地球核心挖掘热能尚无路可行，而且在地球表层热潜能的开发上也是知之甚少。

地球作为能源潜能巨大。无论如何，地球的 99％处于 1000℃以上；在余下的 1％中，99％仍处于 100℃以上。正如本章的图 9-1 和图 9-29 所示，我们的星球的确是一个“热土豆”！

日复一日，地球从核心自然释放出的热流竟然是全球人类能量需求的 2.5 倍，却完全没有被利用。

9.6.2 恰当处置风险可控

在处置地壳时要直面环境问题。

如若在准备工作中借助于足够的所在地调查(包括压力测量)而对所有危险仔细地推敲和考虑，就不会出现过度利用地热而引发的风险。

不过，假如由于缺乏对技术后果的估计或者做不恰当处置，就像对待其他要求苛刻的技术一样，将会造成环境危害。比如说，过度地抽取地下热水会造成地下水位下降；但用过的水再注入地下，这一问题就不会发生。最不利的情况下，过量从地下提取热量而制冷，即为什么重复地导致类似缝隙压力变更，微型地震(土地颤抖)作用频发不止。鉴于在无论如何危险地区自然力介入之前发生的微地震活动可能招致小型地震，在项目准备阶段随时应当对当地情况(比如南德国的部分地区)非常准确地并且多方面地予以检查考核。在经过测试并认为合适的项目坐落地点附近，地面下沉和由此而来的对建筑物结构的损伤应当几乎看不出来。

的确，盐类或者有毒重金属也可能溶解在地下水里。在这种情况下，地下热水抽出后应当净化之后再注回地下；有时候干脆放弃抽取地下热水。

尽管如此，地热能源仍面临风险：如果管理不慎，热能可能会耗尽。以美国 San Francisco 市以北 145km 处世界上最大的“干”蒸汽田为例，运营商们不得不让至少 6 台发电设备闲置，虽然那里的地热场大部分是 20 世纪七八十年代才开发的。

10 潮汐发电

如第 1 章所述，可再生能量按照其能源可以分为三个基本类型：

1. 太阳辐射；

2. 地热；

3. 地球和月球的潮汐力。

本书旨在介绍可再生能源特别是太阳能的直接利用。在前面几章，在简述可再生能源和太阳能之后，先后对太阳能热水制备，太阳能建筑供暖，太阳能热量存储，太阳能热发电，太阳能光伏发电以及地热资源直接利用和地热发电分别作了探讨。本章着力展示借助于地球和月球的潮汐力自然造就可再生能源的潮汐发电。

至于生物质能、水力、风能等太阳辐射的二级可再生能量留待本系列丛书第四册介绍。

10.1 潮汐能与潮汐发电

10.1.1 潮汐能

在海湾或潮敏感的河口，可见到海水每天有两次的涨落现象：早上称为“潮”，晚上谓之“汐”。这种现象主要是由月球、太阳的引潮力以及地球自转效应所造成的。图 10-1 所示为这种月球和太阳对潮汐的引力影响。

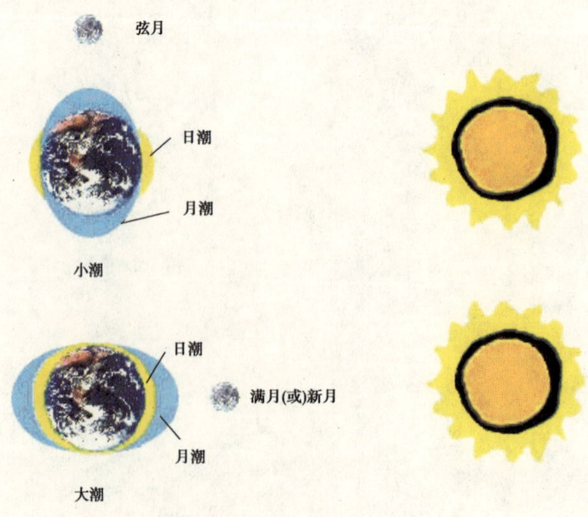

图 10-1 月球和太阳对潮汐的引力影响
(来源：Boyle，1996)

图 10-1 显示了月球和太阳引力如何影响地球上的潮汐。这一影响正如 1687 年牛顿发现的万有引力定律(law of universal gravitation)所述：任何物体之间都有相互吸引力，这个力的大小与各个物体的质量成正比，而与它们之间距离的平方成反比。尽管月球比太阳质量小，但月球离地球比太阳近得多，因而月球引力对地球上潮汐的影响更大。

月球引力引发地球上的海水沿直指月球的方向隆起。地球自转则产生潮起潮落。当太阳与月球一条线的位置，月球和太阳对地球的引力合成造成大潮(“spring” tide)；当月球和太阳的位置彼此呈 90°，月球和太阳拉扯地球上的海水沿不同方向，遂引发小潮(“neap” tide)。

潮汐能(Tidal energy)——主要源于地球和月球的潮汐力作用使海水潮涨潮落，日复一日，年复一年。

涨潮时：具有很大动能的海水大量汹涌而来使水位逐渐升高，动能转化为势能。落潮时：海水奔腾而去，水位陆续下降，势能又转化为动能。海水在运动时所具有的动能和势能统称为潮汐能。

月亮绕地球周期是大约 4 个星期，地球自转一周是 24h。因此，潮汐周期为 12.5h 左右。所以，潮汐的动态和性能很容易预计。这也意味着：一旦能够开发，潮汐能可以依一定的时间周期发电。

人们利用潮汐能的活动早已有之。公元 787 年西班牙、法国和英国的海岸沿线均有使用潮汐能的磨房。直至 20 世纪，在纽约尚有一座潮汐磨房运转良好。

10.1.2 潮汐发电

现代利用潮汐能的主要方式是潮汐发电：利用潮汐落差和潮汐流量发电，如建筑拦潮坝，可以较大规模地利用潮水涨落的能量推动水轮发电机组发电。

1913 年德国在北海海岸建立了第一座潮汐发电站。1957 年我国在山东建成了第一座潮汐发电站。1980 年我国第一座“单库双向”式潮汐电站——江厦潮汐试验电站正式发电，装机容量为 3.9MW，其规模仅次于 1966 年建于法国北部附近 St. Malo 海边的朗斯(Rance)潮汐电站(装机容量为 240MW)，是当时世界第二大潮汐发电站(2001 年报道全球第三，如图 10-2 所示)。

图 10-2 我国最大潮汐电站——江厦潮汐试验电站
(来源：《科技日报》，周学军摄于 2011 年 1 月)

10.2 潮汐发电的类型

依照已有实际应用经验的工程，有两种类型潮汐发电：

1. 利用拦海栅栏大坝(tidal fences)；

2. 利用潮汐流(tidal streams)；

另外，最新提出的潮汐发电方案颇具吸引力，但目前尚未有实际应用的成功经验。

3. 动态潮汐发电(dynamic tidal power)。

10.3 拦海大坝潮汐发电

10.3.1 地理和物理条件

拦海大坝潮汐发电必须具备2个地理和物理条件：

1. 潮汐的幅度必须大，至少要有5～7m；

2. 海岸地形必须能储蓄大量海水，并允许实施大型土建工程。

潮汐发电的工作原理与一般水力发电的原理是相近的，即在河口或海湾筑一条大坝，以形成天然水库，水轮发电机组就装在拦海大坝里，以调控海岸边潮汐流。

10.3.2 拦海大坝

潮汐发电的拦海大坝(tidal fences)高效地形成堵截海水的壁垒并成为一个至水库的完整通道，如图10-3所示。然后可以采用各种通常水力发电的坝技术。

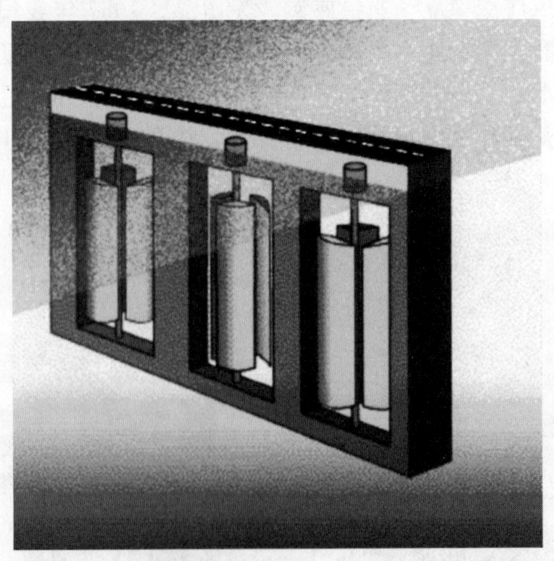

图10-3 潮汐发电的拦海大坝

(来源：bluenergy)

这样一来，海湾被大坝以及可动洪流闸门所封闭。涨潮时使海水进入大坝后的水库，闸门在涨潮高水利学水头关闭，保证供给用于落潮时驱动轴流转桨式水轮机——卡普兰水轮机(Kaplan water turbine)而送水流回去。图 10-4 所示为潮汐发电拦海大坝的功能。

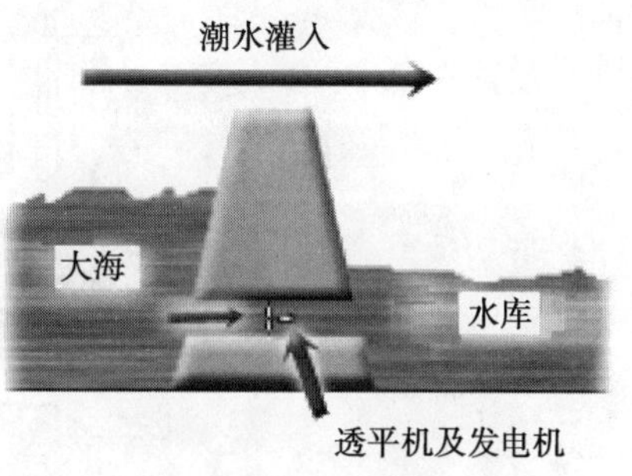

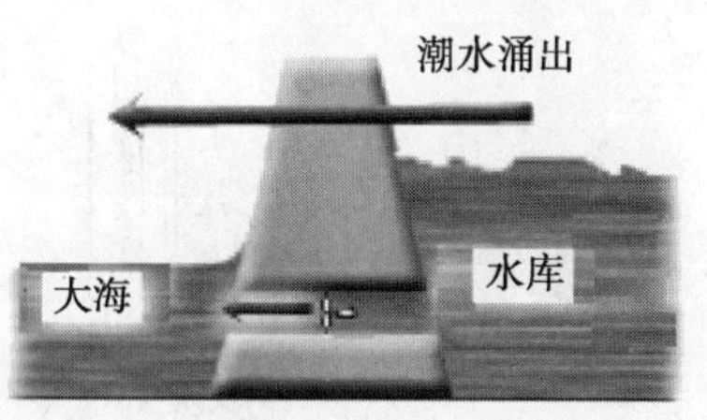

图 10-4　潮汐发电拦海大坝功能

潮汐发电拦海大坝的优点在于：所有电气设备(发电机和变压器)都可以安置在水面上方。另外，通过降低通道的截面积可以大大提高通过透平机的海水流速。法国的朗斯(Rance)潮汐电站(240MW)拦海大坝是第一个商业应用系统。据报道，韩国 2017 年将完成一座 1320MW 潮汐电站，预定 2011 年中动工。

10.3.3　拦海大坝潮汐发电用涡轮机

潮汐发电的涡轮(透平)机是拦海大坝的主要部件。潮汐发电的涡轮机就好像放在水里的风力涡轮机。比起拦海大坝来：对于野生生物破坏性小；允许小艇继续使用这一面积；建筑材料的要求低得多。

有各种不同类型的涡轮机适用于拦海大坝潮汐发电：

1. 球型涡轮机(Bulb Turbine)：海水环绕涡轮流动；如需要维修则必须要停水，影响发电。

2. 海面边缘型涡轮机(Rim Turbine)：涡轮桨叶和发电机垂直安装，使得其更容易接近涡轮发电机。但是，海面边缘型涡轮机不适于泵抽出而且特性调控困难。

3. 贯流型涡轮机(Tubular turbine)：筒管型涡轮机的涡轮桨叶接到一具特定角度的长传动轴使发电机可以安置于拦海大坝的坝顶。

图 10-5 简单勾画了三种涡轮机应用于拦海大坝潮汐电站的情形。

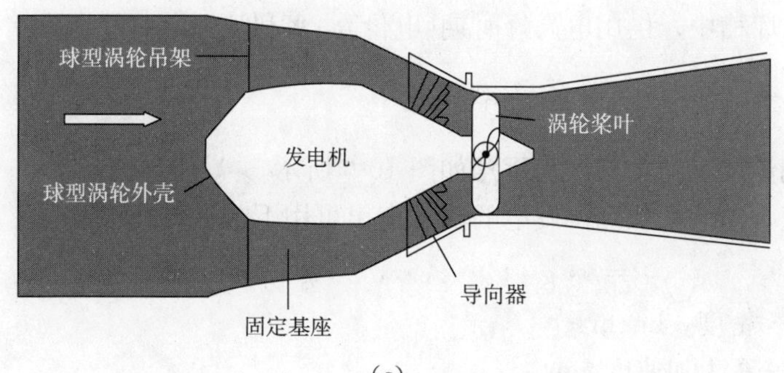

(*a*)

图 10-5　三种拦海大坝潮汐电站用涡轮机（一）

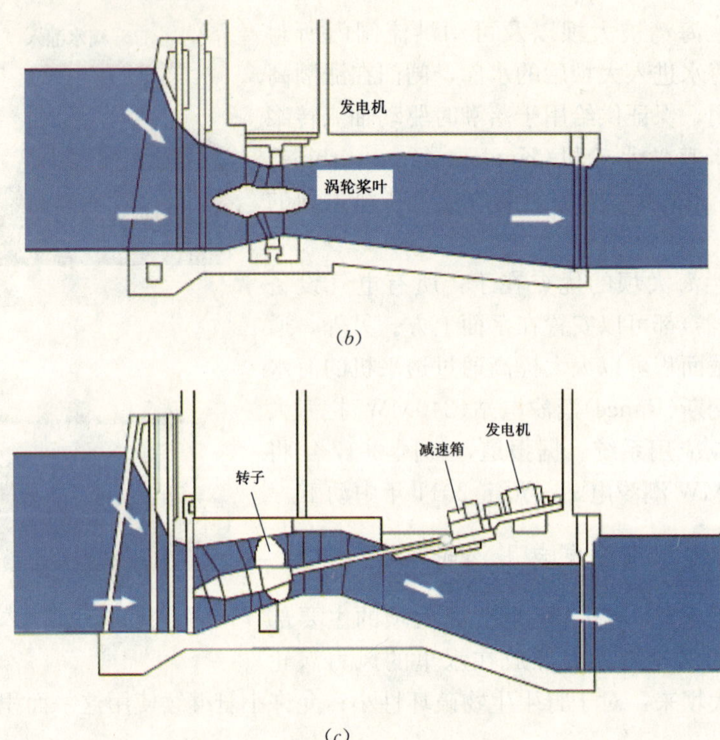

图 10-5 三种拦海大坝潮汐电站用涡轮机（二）
（来源：Boyle，1996）
(a)球型涡轮机；(b)海面边缘型涡轮机；(c)贯流型涡轮机

10.3.4 拦海大坝潮汐发电的泵抽出

潮汐发电的工作原理与一般水力发电的原理相近，即在河口或海湾筑一条大坝，以形成天然水库，水轮发电机组就装在拦海大坝里。

在拦海大坝上的涡轮机还可以用作在用电低谷时期泵出更多的海水到围起来的水库槽中。往往用电低谷时期电价便宜，特别是夜间。拦海大坝潮汐发电管理公司此时可以泵出更多的海水到水库槽中，供用电高峰时期(电价高)水利学发电时的水头储存。

10.3.5 拦海大坝潮汐发电的功率产出

拦海大坝潮汐发电的功率产出示意如图 10-6 所示。

在任意瞬间，拦海大坝潮汐发电的功率产出可用下式计算：

$$P=\rho \cdot g \cdot C_d \cdot A \cdot \sqrt{2 \cdot g \cdot (Z_1-Z_2)^3}$$

式中 ρ——密度，kg/m^3；

g——重力加速度，m/s^2；

C_d——卸载系数：描述水流穿过大坝限制效应的系数；

A——断面面积，m^2；

(Z_1-Z_2)——大海和水库槽水面差，m。

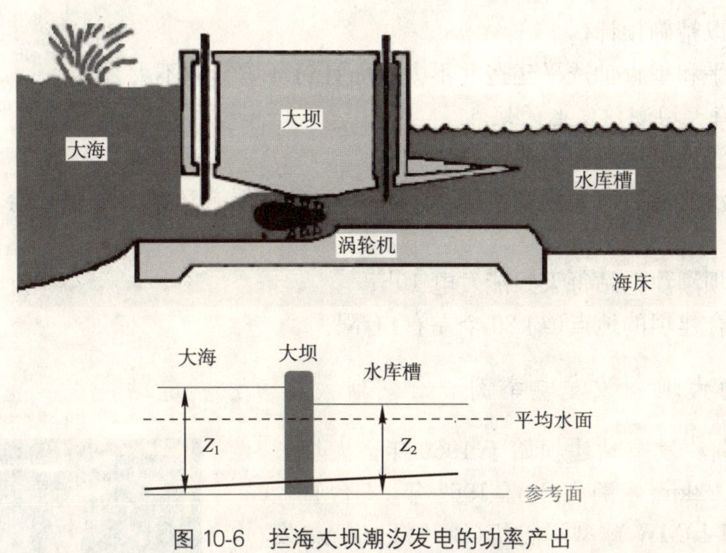

图 10-6 拦海大坝潮汐发电的功率产出

10.3.6 拦海大坝潮汐发电的不同设计

拦海大坝潮汐电站可以是单水库或双水库。

单水库潮汐电站只筑建一道堤坝和一个水库。老的单水库潮汐电站是涨潮时使海水进入水库，落潮时利用水库与海面的潮差推动水轮发电机组。它不能连续发电，因此又称为单水库单程式潮汐电站。我国浙江省温岭市沙山潮汐电站就是这种类型。

新的单水库潮汐电站利用水库的特殊设计和水闸的作用既可涨潮时发电，又可在落潮时运行，只有在水库内外水位相同的平潮时才不能发电。这种电站称之为单水库双程式潮汐电站，它大大提高了潮汐能的利用率。广东省东莞市的镇口潮汐电站及浙江省温岭市江厦潮汐电站，都是这种形式。

为了使潮汐电站能够全日连续发电就必须采用双水库。双水库潮汐电站建有两个相邻的水库，水轮发电机组放在两个水库之间的隔坝内。一个水库只在涨潮时进水(高水位库)，一个水库(低水位库)只在落潮时泄水；两个水库之间始终保持有水位差，因此可以全日发电。

由于海水潮汐的水位差远低于一般水电站的水位差，所以潮汐电站应采用低水头、大流量的水轮发电机组。目前，贯流式水轮发电机组(tubular turbine)由于其外形小、重量轻、管道短、效率高已为各潮汐电站广泛采用。

10.3.7 拦海大坝潮汐发电的优点和缺点

10.3.7.1 拦海大坝潮汐发电的优点

1. 潮汐电站一旦建成，便可免费获得电力；
2. 不产生温室气体或其他废物；
3. 不需燃料；
4. 发电可靠；
5. 维护花费低；

6. 潮汐可以精确预计；

7. 岸外透平和垂直轴透平建造并不太贵而且对环境影响不大。

10.3.7.2 拦海大坝潮汐发电的缺点

1. 建造潮汐发电拦海大坝非常昂贵；

2. 建造潮汐发电拦海大坝影响海域很广——上游下游达很多海里，会影响鸟类以及鱼类栖息；

3. 单库单坝潮汐电站每天只能发电 10h；

4. 全球适合建坝的地点(约 20 个左右)有限。

10.3.8 拦海大坝潮汐发电举例——朗斯大坝潮汐发电站

朗斯大坝潮汐发电站建坝始于 1960 年。大坝长 330m，水库槽 $22km^2$，潮高 8m。1967 年 24 台直径 5.4m 额定功率 10MW 球型涡轮机(Bulb Turbine)发电运行并连接到 225kV 法国传输电网(French Transmission network)。

由 Electricite de France 制造的球型涡轮机可以在潮高和潮低时发电。轴流式涡轮机还可以用作在用电低谷时期泵出更多的海水到围起来的水库槽中。

图 10-7 所示为鸟瞰朗斯大坝潮汐发电站的情形。

图 10-7 朗斯大坝潮汐发电站

(来源：www.edf.fr)

10.4 潮汐流发电

10.4.1 潮汐流发电概述

潮汐流发生在浅滩。因为那里海床自然收缩，强迫海水加速。

潮汐流发电机(Tidal Stream Generators，TSGs)利用潮汐流的动能推动潮汐电站涡轮机。潮汐流发电工作过程如同风力涡轮发电，只不过潮汐流替代了空气流。比起拦海大坝潮汐发电，由于有低成本、更少对环境影响的优势，潮汐流发电更为普及。

海水密度是空气密度的 800 倍并且流速更慢。这就意味着：潮汐流发电涡轮机将承受更大的力和转矩。因此，潮汐流发电涡轮机直径要比风力涡轮机的直径小得多。潮汐流发电涡轮机必须能够在两次退潮时也能发电或可以承受结构性应力。这也说明：尽管此能量资源可靠且有广阔的前景，但这一技术尚未完全成熟。

比较拦海大坝潮汐发电，潮汐流发电在环境和生态系统上更具优势。这一技术相对于安装在岸边或近海的风力发电和拦海大坝潮汐发电更少侵略性。在实验装置上尚未发现对航程或者海运的负面影响。潮汐流发电系统绝大部分工作在水下，比起拦海大坝安装运行要困难这也正是确保此技术成功的关键。

当沿岸海水流速为 2～2.5m/s 左右，潮汐发电的透平机工作良好。流速太小不经济，太大对设备有过强压力。此时，水流带来的能量密度是风车空气流给予能量密度的 4 倍。这就意味着：15m 直径的潮汐发电透平机可以生产 60m 直径的风车所发电能量。除此之外，潮汐流可以被精确地预估而且非常可靠，比起风力和太阳能发电系统更具优势。潮汐流发电的优点还在于：潮汐透平机绝大部分部件潜在水下，所有电缆沿海床安置，比起风力和太阳能发电系统，环境影响更小。

全球有很多地方适宜高效地安装潮汐流发电的透平机。其条件是：靠近海岸线 1km。水深约 20～30m。基于海洋潮汐透平机，发电能力可达 $10GW/km^2$。欧洲共同体已经确认：有 106 处地点适于安装这种海洋潮汐透平机，其中 42 处环绕英国。菲律宾、印度尼西亚、中国和日本也有潜能开发水下潮汐透平机阵列，如图 10-8 所示。

图 10-8 水下潮汐透平机阵列
（来源：marine current turbines ltd）

10.4.2 潮汐流发电技术设施

鉴于潮汐流发电设施技术属未成熟，尚没有一种标准技术具有明显优势。但是，众多经实验的设计可划归为几类。尽管新的设计层出不穷，欧洲海洋能中心(European Marine Energy Centre，EMEC)将其分为以下 4 类。

10.4.2.1 轴流式涡轮机

轴流式涡轮机(axial turbines)在概念上类似传统的风磨，只是工作在水下。大部分运转的潮汐流发电涡轮机属此类别。

图 10-9 所示为 Verdant Power 公司 2007 年设计的自由流动系统(Free Flow System)的运行情形。已应用在美国的一个主要潮汐流发电项目(New York City)。

2008 年 12 月新款 Seagen 输出功率可达 1.2MW，如图 10-10 所示。这是目前世界最大的商业潮汐流发电涡轮机。

英国 Tidalstream 公司开发的 Triton 平台系统(如图 10-11 所示)具有下列特点：

1. 可以浮出水面装拆；
2. 维护检修方便；
3. 产电成本低于海岸风电；
4. Triton 6 在水深 60～80m 最大输出功率可达 10MW。

图 10-9　自由流动系统
(来源：Free Flow System)

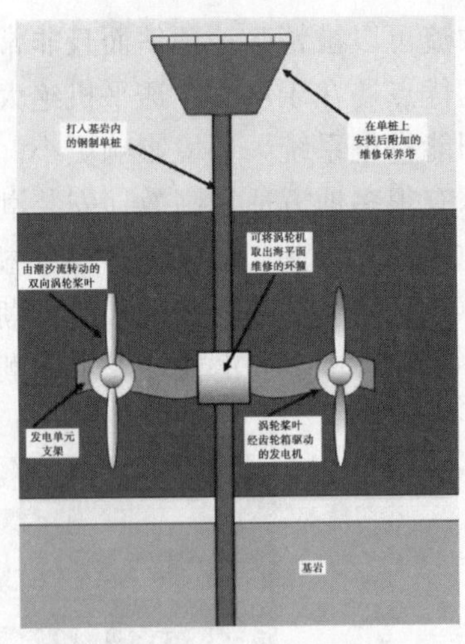

图 10-10　Seagen 潮汐流发电涡轮机
(来源：Marine Current Turbines Ltd)

10.4.2.2　文丘里效应

基于文丘里效应(Venturi effect)的潮汐流发电涡轮机采用屏蔽套筒以增加通过涡轮机的水流量，可以水平亦能够垂直安装。澳大利亚公司 Tidal Energy Pty Ltd 研发了高效屏蔽套筒潮汐流发电涡轮机(shrouded tidal turbines)。图 10-12 所示为在 Race Rocks(不列颠哥伦比亚，加拿大)潮汐流发电涡轮机安装之前的情景。

图 10-11　全尺寸 Triton 3 系统近海模拟实验
(来源：Tidalstream)

图 10-12　Race Rocks 潮汐流发电涡轮机安装之前
(来源：Enotes，2006)

屏蔽套筒的潮汐流发电涡轮机的优点：

1. 一个尺寸恰当的屏蔽套筒潮汐流发电涡轮机可以增加流量 3～4 倍。比起没有屏蔽套筒的潮汐流发电涡轮机允许发电功率增加 3～4 倍。这也意味着更大的投资回报；

2. 因为放置在屏蔽套筒内，涡轮机可较少受碎片伤害；

3. 生物质污物减少，使浅海的水质清洁；

4. 对环境的影响尚不明显。

屏蔽套筒的潮汐流发电涡轮机的缺点：

1. 大部分屏蔽套筒的潮汐流发电涡轮机是定向的，遂导致效率降低。为避免如此，应安置转向头或者浮桶悬挂呈摇摆停泊状，以使涡轮机迎潮相向；

2. 屏蔽套筒的潮汐流发电涡轮机需要保持低于平均水线；

3. 因为增加负荷 3～4 倍，结实地固定十分重要。固定系统不能造成紊流干扰潮汐流发电涡轮机特性；

4. 具屏蔽套筒的潮汐流发电涡轮机有可能伤害水中鱼类或者哺乳动物。

10.4.2.3 立轴水平轴双击式涡轮机

按照美国能源部海洋及流体动力学技术数据库(The U.S. Department of Energy's Marine and Hydrokinetic Technology Database)提供的信息，流体动力学涡轮机的分类如图 10-13 所示。

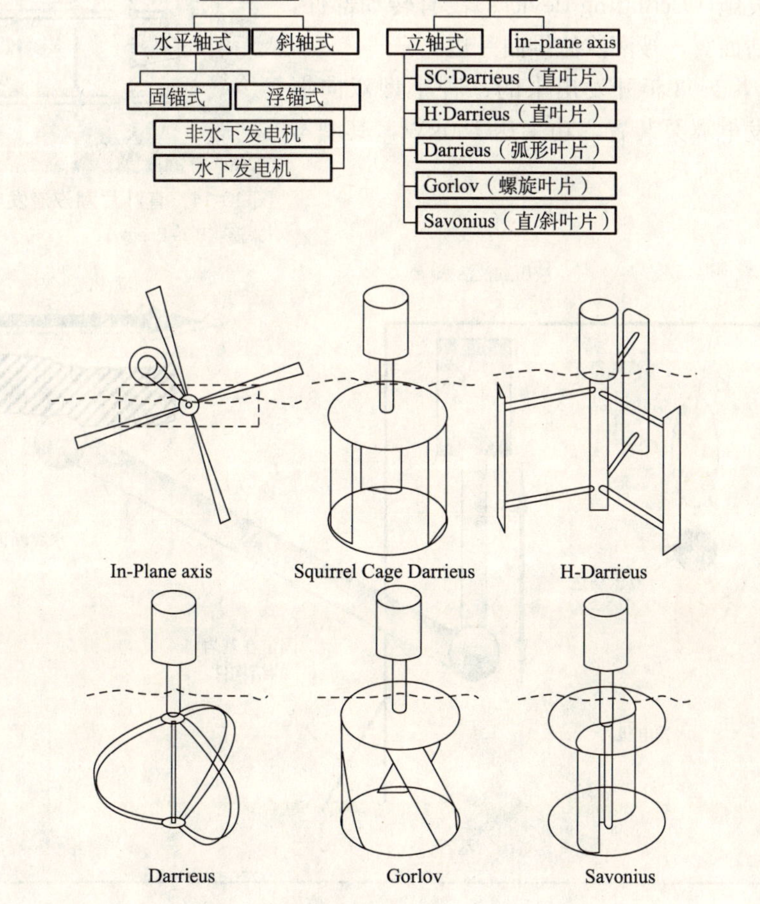

图 10-13　流体动力学涡轮机分类

(来源：U. S. Department of Energy)

如图 10-13 所示，基于转轴方向和水流方向的组合，涡轮机在流体动力学上主要分成两大类：轴流(axial flow)式和双击(cross flow)式。

轴流式涡轮机(axial turbines)其转轴平行于水流并且使用螺旋桨式转子。双击式(cross flow type)却是水流垂直于转轴，而且一般呈圆柱形。

潮汐流发电涡轮机一般功率大(>100kW)且尺寸大。大部分海洋涡轮机用水平轴固锚式水下发电机结构。潮汐流发电涡轮机根据具体应用情形尚有多变种。

基于以下一系列优点，直叶片 Darrieus 涡轮机(H-type 或 Squirrel Cage 型)往往是流体动力学应用的可行选择：

1. 设计简单；
2. 设计对称；
3. 发电机连接容易；
4. 定向和加固设施方便。

图 10-14 所示为此类型潮汐流发电涡轮机的结构图。

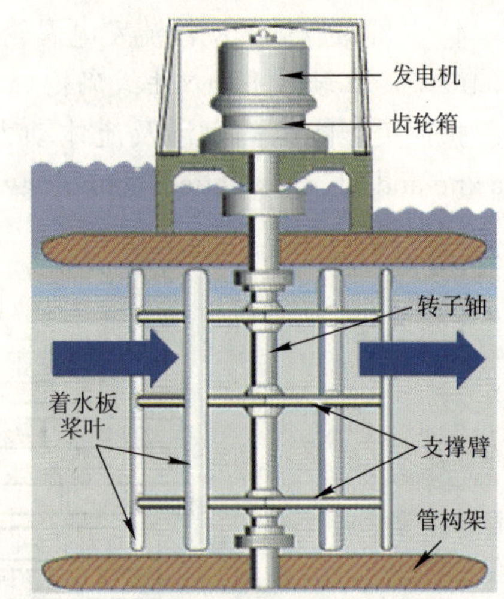

图 10-14 直叶片潮汐流发电涡轮机结构
(来源：Blue Energy)

10.4.2.4 振荡型设施

振荡型设施(Oscillating devices)没有转动部件，取而代之以断面翼，被潮汐流推向一边。

Stingray，2003 年开发出来的一种小型双向振荡型潮汐流发电翼泵装置，功率达 150kW，其基本结构如图 10-15 所示。

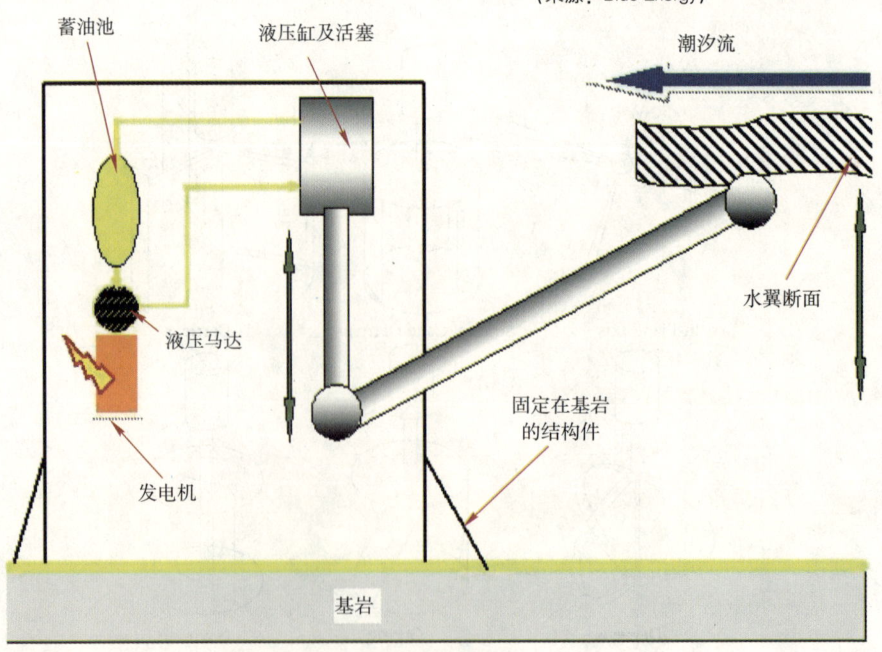

图 10-15 小型双向振荡型潮汐流发电翼泵装置 Stingray
(来源：W. Scott)

Stingray 应用水翼制造振荡，遂产生液压功率。此液压功率继而通过一个液压马达驱动发电机。

2009 年，加拿大 Laval 大学研制成功另一种基于水翼振荡的级联 2kW 原型并在魁北克市海边实验成功，现场发电效率达到 40%。

10.4.3 潮汐流发电功率输出

潮汐流发电最大功率输出取决于海水撞击涡轮机叶片上的动能。设涡轮机的效率为 η，则最大功率输出 P_{max} 由下式确定：

$$P_{max}=\frac{1}{2}\eta\rho Qv^2$$

式中 v——潮汐水流流速；

Q——每秒水流流过涡轮机体积，并且

$$Q=Av$$

此处，A——涡轮机叶片扫过的面积。

这样一来，

$$P_{max}=\frac{1}{2}\eta\rho A v^3$$

这一计算结果表明：同样体积流量的情况下，潮汐流发电功率仅为拦海大坝潮汐发电功率的 1/20。

10.4.4 潮汐流发电举例

位于加拿大温哥华岛外海的 Discovery Passage 潮汐流发电阵列位置，如图 10-16 所示。

Tidal Stream Energy 公司承担这个项目。潮汐发电机分布在 50 英尺以下海床，面积较小，对环境零影响，表面上看识别不出。水面上还可以举办商业和娱乐活动。电缆将潮汐发电机连接到温哥华岛和大陆电网，不需附加基础设施。

第一选址工程发电能力 800MW，可供温哥华岛和大陆附近地区 14×10^4 户居民私人用电。

图 10-16 加拿大温哥华岛外海 Discovery Passage 潮汐流发电阵列示意（一）

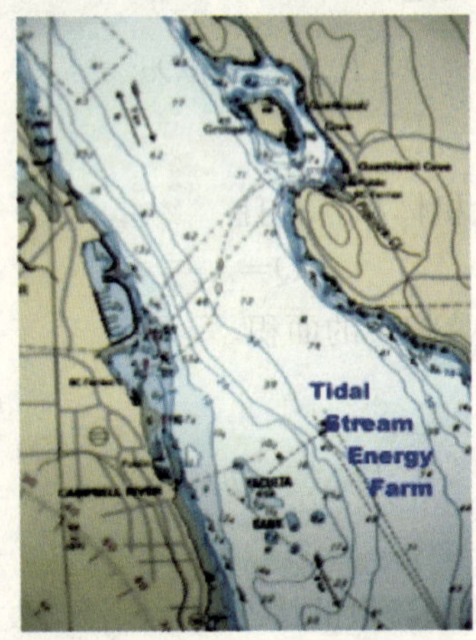

图 10-16 加拿大温哥华岛外海 Discovery Passage 潮汐流发电阵列示意（二）
（来源：Tidal Stream Energ）

10.5 潮汐发电技术新设计

最近，在利用潮汐流发电的设计方面，又有技术进步。尽管尚缺乏实践验证，但创新方法的前景令人鼓舞。

10.5.1 动态潮汐发电

10.5.1.1 动态潮汐发电概述

动态潮汐发电（Dynamic Tidal Power，DTP）是一种发电技术理论，主要探索潮汐流中势能和动能间的相互作用。

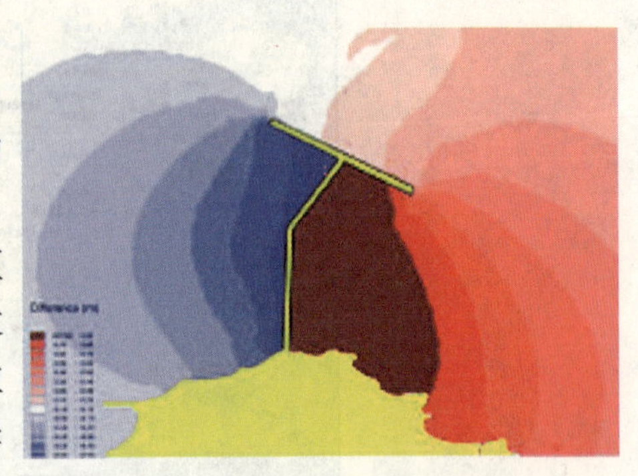

图 10-17 一座动态潮汐发电大坝的鸟瞰
（来源：GNU）

这种潮汐发电技术理论提出建立从海岸线径直伸向海或洋（30～60km）顶端呈垂直的一座 T 形大坝，不形成任何闭合水面。由大坝引发的潮汐相位差同时导致沿岸近海巨大的水位差。这是以和海岸平行的振荡潮汐流为特征的，诸如在英国、中国和朝鲜半岛的条件。每一座大坝可具发电功率 6～

15GW。图 10-17 所示为从顶部向下看的一座大坝（黄色），蓝色和深红分别标识低潮和高潮水位。

黄色代表大坝和陆地，蓝色和深红分别标识低潮和高潮水位

10.5.1.2　动态潮汐发电的优势

单独一座动态潮汐发电大坝可提供超过 8GW 的装机容量，容量系数（capacity factor）大约 30%，估计年发电量 230×10^5kW·h。这一发电量可供 34×10^5 欧洲居民使用一整年。如果两座大坝彼此之间距离恰当（大约 200km）可以互补运作：一座大坝可以满容量发电，另一座完全歇息不发电。

动态潮汐发电并不要求很大潮汐落差，很多地点都能满足这一要求。据估计，中国具有动态潮汐发电潜力 80～150GW。

10.5.1.3　动态潮汐发电的技术开发

尽管很多地点满足建一座动态潮汐发电大坝的全部技术要求，但至今尚未有建。已经推导开发出动态潮汐发电大坝的“水头”和水位差的模型。已经观察并记录了一些建成的具较长大坝工程项目的大坝与潮汐间相互作用关系，比如在荷兰 Delta Works 及 Afsluitdijk 的项目。人所共知的潮汐流和自然半岛间的相互作用也验证了推导开发出的潮汐的数字模型。将流体力学中附加质量（added mass）的概念用于开发动态潮汐发电的模型，观测到的水位差与流体分析及数学模型极为相符。这种动态潮汐发电大坝造成的水位差可以依一个可用的有限精度进行预估。

几点动态潮汐发电关键技术要求：

1. 可在低水头、大流量情况下工作的双向涡轮机；

2. 双向涡轮机能水下运行且效率超过 75%；

3. 大坝建设：借助近岸生产模块漂浮至动态潮汐发电大坝相应地点沉箱（混凝土建筑块）。

10.5.1.4　动态潮汐发电的挑战

动态潮汐发电最大的挑战来自一个仅 1km 长的动态潮汐发电大坝的样板项目几乎产不出电力。这是因为水头和体积均大体和大坝长度成正比，遂导致产生的电功率和大坝长度的平方成正比。

从经济可行性分析，最佳动态潮汐发电大坝长度是 30km。

其他值得考量的因素还有：船行路线、海洋生态、沉积物及波涛浪涌。

10.5.1.5　动态潮汐发电概念的发明者

动态潮汐发电概念的发明者和专利拥有者是荷兰海岸工程师 Kees Hulsbergen 和 Rob Steijn。

图 10-18 所示为 Kees Hulsbergen 先生 2010 年 1 月在北京清华大学作关于动态潮汐发电原理讲演的情形。

图 10-18　Kees Hulsbergen 先生 2010 年 1 月在北京清华大学作关于动态潮汐发电原理讲演的情形（来源：GNU）

10.5.2 潮汐潟水湖

潮汐潟水湖(tidal lagoon)，是一座由诸如石岬(rocky headland)或者沙嘴(sand spit)一类的栅栏(barrier)，半封闭的海水保护体，如图 10-19 所示。潮汐潟水湖也可以是盛有从河流、溪水涌来的淡水源的河口区域。由于并没有完全无隐蔽地暴露于海洋，潮汐潟水湖仅经历有限制的潮汐和浪涌。这些条件创造出一个极好的、富于生命的受保护环境；当然，如果引入污染的话也会导致问题。

图 10-19 天然潮汐潟水湖 Portage Inlet，加拿大
(来源：Google Earth)

英国威尔士 Severn 潮区(Estuary)高潮时非常适合用于发电。几年前，英国皇家治理环境污染委员会决定采取措施到 2050 年将英国温室气体排放减少 3/4，在 Severn 潮区建立大坝潮汐发电即是措施之一。

Neil Crumpton 等人提出另一方案——潮汐潟水湖(tidal lagoon)。比起大坝潮汐发电具有一系列明显的经济和环境优势：安全、清洁、生产更多可再生能量。图 10-20 形象化地描述了这一比较。

Neil Crumpton 等人已经上书英国皇家治理环境污染委员会，希冀采纳他们的动议。

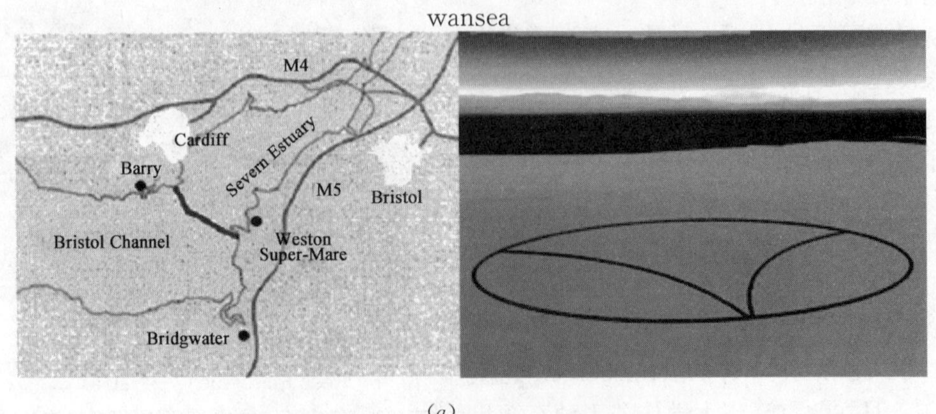

(a)

图 10-20 英国威尔士 Severn 潮区利用大坝和潮汐潟水湖对比（一）

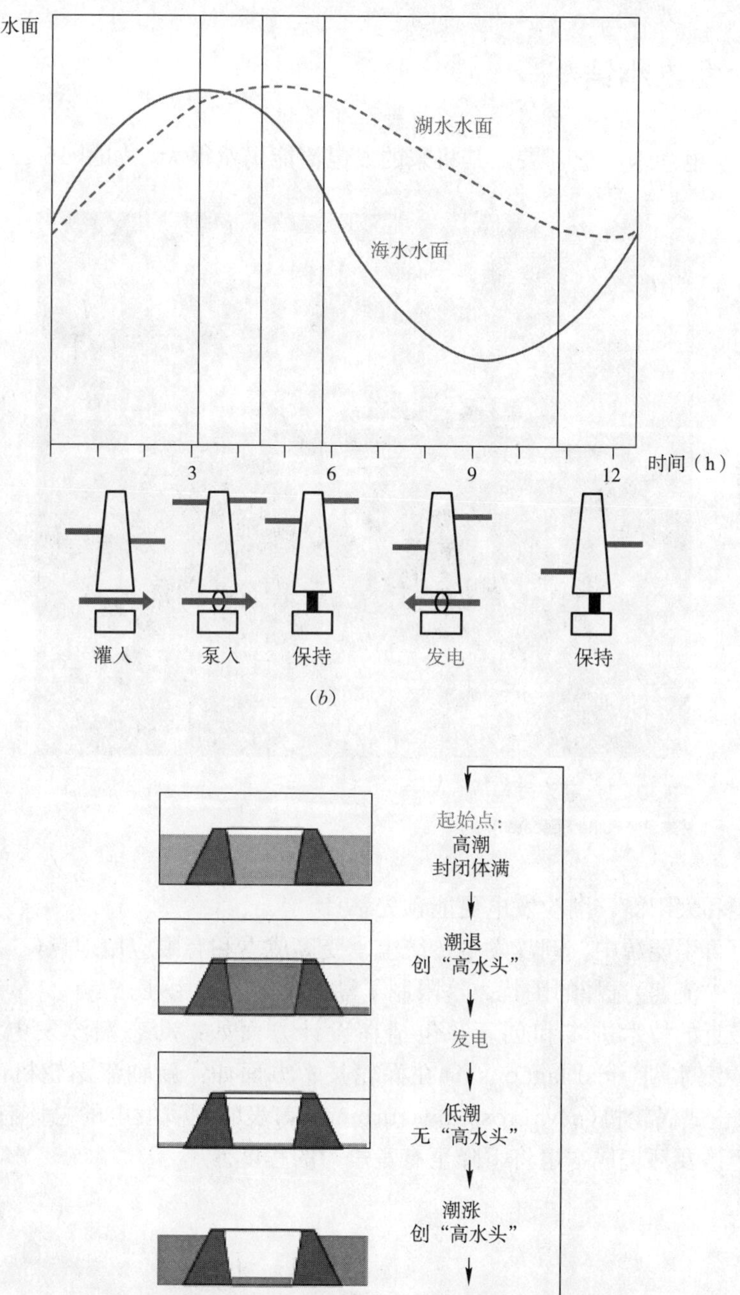

图 10-20　英国威尔士 Severn 潮区利用大坝和潮汐潟水湖对比（二）

（来源：Neil Crumpton）

（*a*）Severn 潮区安排大坝潮汐发电（左）；计算机模拟产生在 Swansea 的潮汐潟水湖图景（右）；（*b*）大坝潮汐发电运行过程；（*c*）潮汐潟水湖发电过程

10.6 潮汐发电小结

尽管潮汐发电尚未广泛开展，其将来的发电潜能仍然很大，如图 10-21 所示。

图 10-21 潮汐发电
(来源：Fujita Research)

比起风能和太阳能，潮汐发电更能预先估计。

在所有可再生能源中，潮汐发电传统上承受高成本和有限应用地点（“双高”，即高潮汐落差、高潮汐流速）选择的困扰。这限制了潮汐发电的有用性。

然而，最近的技术进步和创新，包括在设计方面如：动态潮汐发电(dynamic tidal power)、潮汐潟水湖(tidal lagoons)；在涡轮技术方面如：新轴流涡轮机(new axial turbines)、新双击式涡轮机(new crossflow turbines)，表明潮汐发电的总体有用性会比以前估计的高，经济及环境成本也将下降至有竞争力的程度。

11 有关太阳辐射、地热和潮汐能的书籍

Hermann Scheer
The Solar Economy：Renewable Energy for a Sustainable Global Future
Verlag Stylus Pub Llc，2004

Martin A. Green
Third Generation Photovoltaics：Advanced Solar Energy Conversion
（Springer Series in Photonics）
Verlag Springer，Berlin，2005

Alexis De Vos
Thermodynamics of Solar Energy Conversion
Verlag Wiley-Vch，2008

Roland Koenigsdorff
Oberflächennahe Geothermie für Gebäude
Grundlagen und Anwendungen einer zukunftsfähigen Heizung und Kühlung
Fraunhofer IRB Verlag，2011

Thomas Bührke，Roland Wengenmayr
Erneuerbare Energie
Alternative Energiekonzepte für die Zukunft
Wiley-VCH，2010

Holger Watter
Nachhaltige Energiesysteme
Grundlagen，Systemtechnik und Anwendungsbeispiele aus der Praxis
Vieweg＋Teubner，2009

Viktor Wesselak，Thomas Schabbach
Regenerative Energietechnik
Springer，Berlin，2009

Edited by Roger A Messenger and Gerard G Ventre

Photovoltaic Systems Engineering(3rd Edition)
CRC Press, 2010

Edited by Bruno Gaiddon, Henk Kaan and Donna Munro
Photovoltaics in the Urban Environment-Lessons Learnt from Large Scale Projects
Earthscan, 2009

Bent Sorensen
Renewable Energy Conversion, Transmission, and Storage
Academic Press, 2008

Edited by Cipollina, Andrea, Micale, Giorgio, Rizzuti, Lucio
Seawater Desalination-Conventional and Renewable Energy Processes
Springer, 2009

Edited by K. Hanjalic, R. Krol, A. van de, Lekic
Sustainable Energy Technologies-Options and Prospects
Springer, 2008

Volker Quaschning
Understanding Renewable Energy Systems
Earthscan, 2005

Eric Theiβ
Regenerative Energietechnologien——Anlagenkonzepte, Anwendungen, Praxistipps
Fraunhofer IRB Verlag, 2008

Peter F. Smith
Sustainability at the Cutting Edge: Emerging Technologies for Low Energy Buildings
Architectural Press, 2003

Robert H. Clark
Elements of Tidal-Electric Engineering
Wiley, 2007